鹿児島大学島嶼研ブックレット
22
TOUSHOKEN BOOKLET

奄美群島の水産業の現状と未来

鳥居享司 著
Torii Takashi

●目次●

奄美群島の水産業の現状と未来

Current Status and Future of Fishing
Industry in the Amami Islands
TORII Takashi

I　はじめに

鹿児島県には多くの島があります。その島々では漁業が盛んに行われ、キハダ、ソデイカ、カツオ、アオダイ、ヒメダイ、オオヒメ、ハマダイなどの特徴ある魚介類が漁獲されてきました、そして漁業は地域の経済を支える重要産業として位置づけられてきました。しかし近年、離島での漁業経営は厳しさを増しており、漁業者の高齢化と減少が著しくすすんでいます。周囲を豊かな海に囲まれる離島で、何が起こっているのでしょうか。

本書では、はじめに、離島漁業の現状と役割、離島への政策的支援の概要について紹介します。つづいて、奄美群島の漁業概要を確認した後、奄美群島を中心に漁業経営の振興に取り組む五つの事例を紹介します。

沖永良部島の沖永良部島漁協では、ソデイカ漁と魚礁周辺でのマグロ漁が盛んに行われていました。地元の漁業者からは、マグロを蝟集する人工魚礁の設置が強く求められてきました。ただ、漁業者の高齢化とともに、生産関連施設の整備に求められる事柄も少しずつ変化しています。

奄美大島の奄美漁協笠利地区では、漁業者と漁協職員が一体となって、新しい保蔵技術の導入と量販店への直接出荷の取り組みが行われています。漁業経営の支援という漁協本来の役割が発揮されているケースです。

与論島の与論町漁協では、大学との共同研究による保蔵技術の開発や製品づくりが行われました。漁協は出来上がった製品を自ら販売する能力は無いと割り切り、販売力ある民間企業との連携による販路開拓を目指しています。生産者と販売者、それぞれの得意分野を活かした連携体制が構築されました。

奄美大島の瀬戸内漁協では、養殖企業を誘致した地域経済や漁協経営の改善がすすめられてきました。近年ではIターン者の漁業参入も相次いでいます。外部からの漁業参入に門戸を広げながら、漁協や漁業の振興を目指しています。

最後に、十島村の宝島と小宝島を紹介します。周

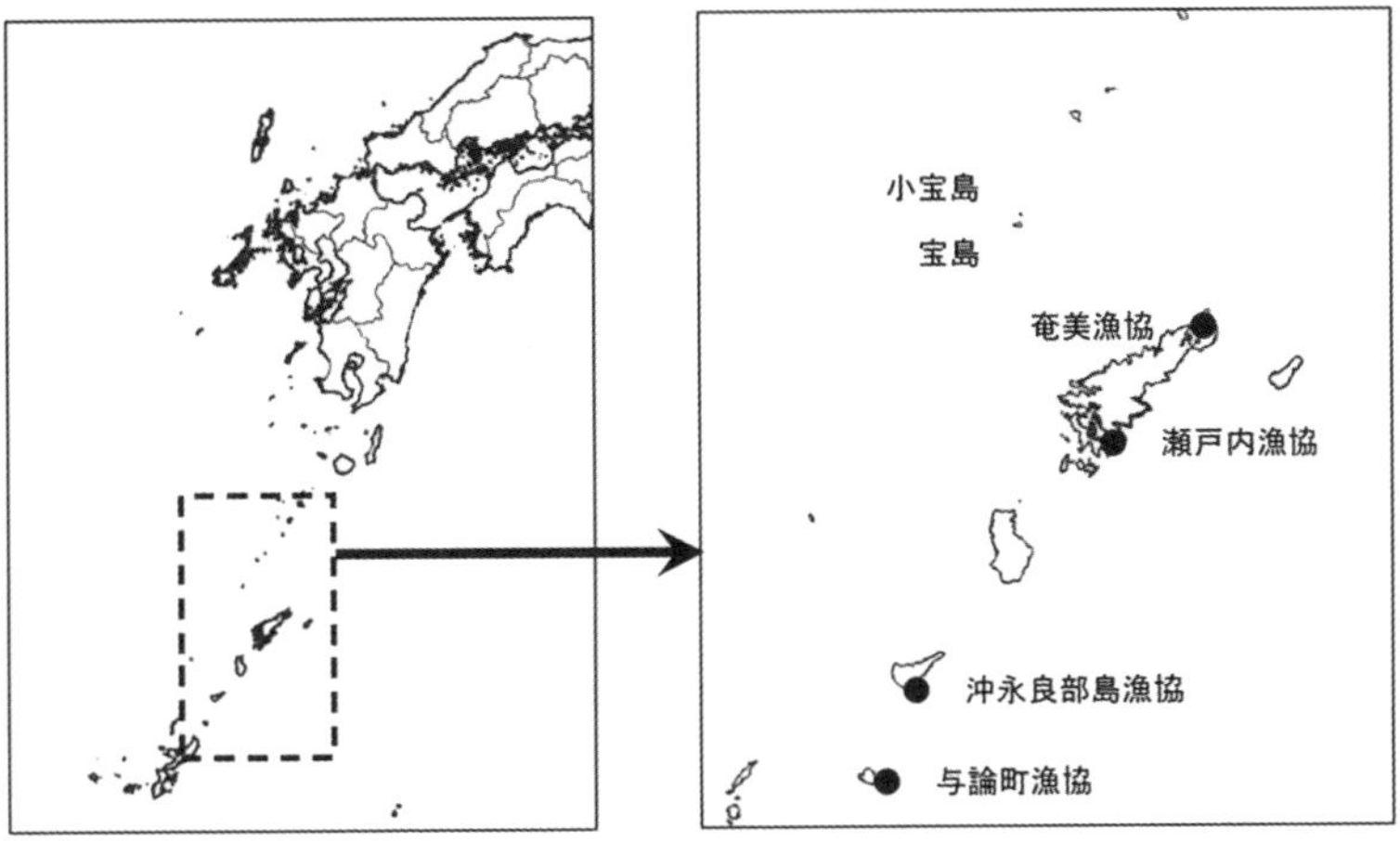

図１.事例地の位置

囲に恵まれた水産資源があっても、様々な理由で漁業経営は発展しませんでした。漁業者が僅かしかいない両島の漁業や漁場利用の将来を展望します。

以上を踏まえ、奄美群島の漁業振興に求められる事柄を考えてみたいと思います。

Ⅱ　離島漁業の今

1　離島の概要

我が国は六八五二の島嶼によって構成される島嶼国家です。北海道、本州、四国、九州、沖縄本島を除く六八四六島が「離島」として扱われ、そのうち四一六の島々に日本人が居住しています（国土交通省のホームページより）。このうち、離島関連四法（離島振興法、奄美群島振興開発特別措置法、小笠原諸島振興開発特別措置法、沖縄振興特別措置法）の対象は三〇四島であり、そこには六〇・七万人が暮らしています（二〇一九年四月現在、住民基本台帳による）。国勢調査によると、一九五五年の離島人口は一三三・六万人であったことから、人口は半分以下にまで減少したことが分かります。

産業分類別就業者数の割合をみると、第一次産業一八・三％（農林業一二・二％、漁業六・一％）、第二次産業一五・四％、第三次産業六四・八％です。全国平均は農林業二・九％、漁業〇・二％であることから、離島は全国に比べて第一次産業への就業割合が高い傾向にあり、農林業や漁業が貴重な就労機会になっていることが分かります。

とくに離島における漁業への就業割合は、全国平均の三五倍です。日本は、国土は狭いものの、数多くの島が分散的に存在することから、広大な排他的経済水域を有します。そこには豊かな水産資源があり、離島では漁業が盛んに行われ、離島住民の生活を支えてきました。

2　離島漁業の現状

「離島統計年報」によると、二〇一八年の離島地域の一次産業の生産金額は二五一二億円であり、漁業はその四九・五%を占めます。ただ、離島での漁業生産金額は、一九五五年には日本漁業全体の一〇%強を占めていましたが、二〇一五年以降は七%から八%で推移しています。離島の漁業は全国よりも速いペースで縮小しているのです。

なぜ、離島での漁業経営は厳しさを増しているのでしょうか。それは生産から漁獲物の販売まで、複数の条件不利性が存在するからです。まず、生産コストが高止まりする傾向にあります。漁具などの生産関連資材、燃油の価格は本土から輸送する必要があるため、割高になってしまいます。後述するような政策的支援がなされているものの、割高傾向は解消されていません。漁獲物の出荷にも不利があります。島内の消費規模は小さいことから、島外へ出荷せざるを得ません。

本土への海上輸送費用の一部は、離島振興法や特別措置法によって補助されていますが、補助対象にならないものもあるため、輸送費用も割高となってしまいます。さらに、本土市場への輸送には時間がかかるため、鮮度劣化によって市場価格が安価に留まるケースもあります。

3　離島漁業の役割

縮小傾向にある離島漁業ですが、我が国にとって重要な存在です。離島漁業の役割として、次のようなことが指摘されています。

まず、食料安全保障上の役割です。離島周辺の海域では漁業が盛んに行われており、我々国民に水産物を供給しています。食料確保をめぐる競争関係が世界的に強まるなかで、離島漁業の食料供給機能を維持することは大切です。

また、離島漁業が発揮する多面的機能も大切です。漁業の多面的機能とは、漁業生産活動が継続的に行われることを通じて、国民生活および国民経済の安定に資するような効果や役割を指し、沿岸域の環境保全、海難救助への貢献、国境監視への貢献、固有の文化の継承などが指摘されています（山尾・島、二〇〇九）。近年、日本の領海等における外国漁船による違法操業、外国公船による領海侵入などが相次いでおり、国防の重要性が増しています。国境に面した離島地域に人々が住み、漁業操業を行うことは、領土や領海の保全に大きく貢献しているとみなされるようになりました。

では、離島漁業が衰退したらどうなるのでしょうか。

離島住民は就業機会を失う可能性があります。島内で就業機会を得られなければ、島外の都市部へ移り住むでしょう。離島の人口はさらに減少し、離島社会の弱体化に拍車がかかるでしょう。

食料供給機能の弱体化も考えられます。離島周辺の水産資源の過少利用がすすみ、魚介類の供給量は減少するでしょう。供給の減少分を輸入で補うことは簡単ではありません。水産物に対する需要は各国で伸び続けており、日本がこれまでのように希望する価格で水産物を輸入できるとは限りません。

日本の安全保障が脅かされる可能性もあります。離島に日本人が住み、周辺海域で漁業が行われることは、常に「監視の目」があることを意味します。もちろん、こうした海域では海上保安庁の巡視船が監視活動を行っていますが、国境に面した離島から日本人や漁業が消えれば「第二、第三の尖閣問題」が発生しないとも限りません。

4　離島への政策的支援

日本の島々やそこでの漁業は、食料の安定供給、排他的経済水域の保全、海洋資源の確保、環境保全などの前線基地としての役割を担ってきました。しかし、離島経済の弱体化が顕著になり、離島の無人島化とそれによる国民経済や安全保障への悪影響が強く意識されるようになりました。離島地域を維持していくためには、島で安心して暮らすことができる環境づくりが必要です。

離島振興に関連する法律として、離島振興法があります。この法律は一九五三年に制定・公布されたもので、島々が抱える様々な条件不利の改善が目的です。高率の国庫補助事業によって電気、水道、港湾、漁港、道路、空港などの社会資本整備、医療や教育などの環境改善を図る根拠となってきました。

離島振興法が制定されて以降、「本土との隔絶性がもたらす後進性」の解消が目指されてきましたが、一九九三年の改正によって「国土管理上の重要拠点」、「領海の確保や豊かな自然環境の保全」、「海洋資源の利用拠点」など離島が担う役割や期待が明確化されました（日本離島センター二〇二〇）。二〇〇三年の改正では、国益に資する存在としての離島地域の位置づけが明確化されるとともに、離島振興計画の策定主体が国から離島を有する都道県へ移行されました。

二〇一三年の改正では、法律の基本理念に「離島への定住促進」が明記され、離島振興施策が「国の責務」として規定されました。従来のハード整備支援に加えて、「離島活性化交付金」も創設され、いわゆるソフト事業が大幅に拡充されました。その離島振興法も二〇二三年三月末に時限を迎えることから、離島振興法の延長にむけた協議がすすめられました。その結果、二〇二二年の秋の臨時国会において、公共事業の補助率かさ上げ特例など現行法の支援の継続、都道府県による離島市町村への支援の努力義務の新設、高齢化がすすむ「小規模離島」について日常生活に必要な環境維持が図られるよう配慮する規定の新設などを盛り込んだ改正案が採択されました。

離島振興法のほかにも、奄美群島、小笠原列島、沖縄県の支援根拠となる特別立法があります。戦後の日本からの行政分離と日本復帰という歴史的背景をもとに制定されたもので、「奄美群島振興開発特別措置法」（一九五四年）、「小笠原諸島振興開発特別措置法」（一九六九年）、「沖縄振興特別措置法」（一九七二年）により地域振興対策が実施されています。

さらに二〇一六年、「有人国境離島地域の保全及び特定有人国境離島地域に係る地域社会の維持に関する特別措置法」（以下、有人国境離島法）が制定され、有人国境離島地域（二九地域一四八島）の保全や維持に関する特別な措置が講じられています。

5　離島漁業振興の担い手

離島振興法や有人国境離島法などによって、ハードの整備のみならずソフト事業にも力が注がれています。離島漁業振興の実施主体として期待されるのが漁協です。漁協は漁業者による協同組織であり、組合員である漁業者のために様々な経済事業、経営指導などの指導事業、そして漁業権を管理する役割を果たしてきました。しかし、漁業の産業的規模の縮小とともに漁協組織の弱体化がすすみ、「現実の漁協は、あまりにも主体的な取り組みや意欲に欠け、むしろ活性化の足かせとなっている局面が多々みられる」という批判もみられるようになりました（島・濱田二〇〇四）。

漁協組織の充実を目的に、一九七〇年代より漁協合併が政策的に推し進められてきました。一九九〇年に二一〇〇組合ほどあった漁協は、二〇二一年三月末には八八一組合まで統合がすすみました。しかし、経済事業運営の抜本的な見直しまで踏み込んだ合併構想は多くなく（馬場二〇〇四）、事業損失を記録する漁協が依然として過半を占めており、漁協経営の大幅改善には至っていません。また、漁協合併時に職員も減らされてきたことから、一組合あたりの職員数も変化はほとんどみられません。何の機能強化も図られず、漁協を単に合併して職員数を削減しただけといったケースも散見され、コスト削減を目的にした職員数の減少によって、漁協の機能をさらに弱体化させつつあるという厳しい評価もみられます（加瀬二〇〇四）。

ただ、漁協の役割への期待は萎んだわけではありません。二〇一八年、水産資源の適切な管理と水産業の成長産業化を両立させ、漁業者の所得向上と年齢のバランスのとれた漁業就業構造を確立することを目的に、農林水産業・地域の活力創造本部によって「農林水産業・地域の活力創造プラン」が改定され、「水産政策の改革」が盛り込まれました。その一環として「漁業法等の一部を改正する等の法律」が成立し、「水産業協同組合法」には、漁協が事業を行うにあたり漁業所得の増大に最大限の配慮をしなければならないことが追記されました。さらに、漁協の中心的な事業であり、漁業者の収入に直結する販売事業を強化するために、組合の理事に販売の専門能力を有するものを登用することが義務づけられました。

これらにみられるように、漁協経営の改善や組織の充実が進まない現状とは裏腹に、漁協は組合員である漁業者の経営安定化に資する経済事業を展開することが期待されています。

Ⅲ　奄美群島の漁業概要

奄美群島では漁業が重要産業のひとつになっています。奄美大島には奄美漁協、名瀬漁協、宇検村漁協、瀬戸内漁協、喜界島には喜界島漁協、徳之島にはとくのしま漁協、沖永良部島には沖永良部島漁協、与論島には与論町漁協が組織されています。

主力漁業は、浮き魚礁を利用した一本釣り漁業や旗流し漁業であり、カツオやキハダが漁獲されています。沿岸での瀬もの一本釣り漁業も盛んであり、アオダイ、ハマダイ、スジアラなどが漁獲されています。

魚介類の養殖も盛んです。瀬戸内町や宇検村では、大手水産企業によってクロマグロ養殖やカンパチ養殖が盛んに行われており、クロマグロ養殖の一大産地として知られています。。与論島ではモズク養殖、徳之島ではヒトエグサ養殖、奄美大島や喜界島ではクルマエビ養殖も行われています。

奄美群島内に水揚げされた魚介類の大半が鹿児島本土や沖縄県へ出荷されます。奄美群島の人口は一〇万人ほどであり、水産物の消費規模は限られていていています。そのため、島外へ市場を求めて出荷せざるを得ないのです。また、魚介類のなかには島外の市場へ出荷した方が高く売れるものもあります。こうしたことから多くの魚介類が奄美群島と鹿児島や沖縄を結ぶフェリー便によって出荷されていきます。

ただ、島外への出荷には、輸送賃が嵩みます。単価が安い魚は、輸送費を差し引くと利益がほとんど残らない場合もあります。しかし奄美群島内には十分な市場がないので、輸送費がかかっても島外へ出荷せざるを得ないのです。島外への出荷には時間がかかります。鹿児島市場へ並ぶのは出荷した二日後、沖縄市場へ並ぶのは出荷した翌日であり、鮮度が重視される水産物にとって価格形成上、大きな不利になってしまいます。

奄美群島の漁業は、このような出荷にかかる条件不利のほか、資源状況の悪化、燃油資材等の高騰によって経営は非常に苦しい状況にあります。漁業への新規参入者はごくわずかであり、漁業者数の減少と漁業者の高齢化がすすんでいます。

こうしたことから、漁業経営の維持と改善を目指し、様々な取り組みが行われています。まず、政策的な支援が施されています。奄美群島振興開発特別措置法による出荷経費の一部支援は、出荷にかかる不利性の緩和に大きく役立っています。漁業者自身による経営振興の取り組みも広がっています。近年、冷凍保存技術の発展は目覚ましいものがあります。新しい鮮度保持技術も次々と開発されています。こうした新技術を漁業者が積極的に取り入れ、出荷に時間がかかるという不利性の緩和が目指されています。

さらに、島内市場の開拓にも力が注がれています。奄美漁協は主力漁獲物であるアオダイをつかった「ウンギャル丼」をPRすることで、アオダイの消費拡大と地域経済の振興を目指しています（奄美大島ではアオダイをウンギャルマツと呼んでいます）。瀬戸内漁協はレストランを併設した直売店を経営し、地魚の消費拡大を目指しています。名瀬漁協に所属する宝勢丸カツオ漁業生産組合は、カツオやキハダの小売りや魚食レストランを開設しています。クロマグロ養殖が盛んな瀬戸内町は、クロマグロ養殖が盛んであることをPRするとともに、地元産のクロマグロを食べることができる飲食店をホームページに掲載するなどの活動を行っています。こうした施設では観光客はもちろん、地元住民の姿も確認することができます。

二〇二一年七月、奄美群島の一部が世界自然遺産に登録されました。奄美群島は国内外の人々から注目を集めており、一部の宿泊施設では予約が取りづらくなるなど、訪問客数は増加傾向にあります。コロナ禍が落ち着けば、さらに多くの観光客の訪問が期待できることから、島内市場の深掘りも重要な課題です。

Ⅳ　沖永良部島漁協：人工魚礁を活用した漁業振興の試み

1　地域の漁業概要

沖永良部島漁協には二〇二二年三月現在、正組合員三二名、准組合員二九五名が所属しています。漁業を専門で営む漁業者は一五名程度であり、農業などとの兼業者が中心を占めます。主力漁業はマグロ釣り、ソデイカ釣りであり、キハダ、ソデイカ、アオダイ、ビンナガなどが水揚げされています。

ソデイカ旗流し漁業を営む漁業者は一六名、そのうち一一名がマグロ・カツオ一本釣りを営んでいます。主力漁場は沖永良部島から二〇マイルほどの海域です（一マイル＝一・六キロ）。同海域ではキハダの漁獲も期待できるため、ソデイカ漁とキハダ漁を同時に営む漁業者もみられます。ソデイカ漁は、資源保護を目的に七月一日から一〇月三一日は禁漁とされています。ひと航海あたりの操業は通常二泊三日、長くとも一週間程度です。出荷先は価格により、鹿児島市場、沖縄市場が使い分けられています。

マグロ漁の主力漁場は、沖永良部島から二〇マイル以遠であり、鹿児島県や国によって設置された浮き魚礁の周辺海域です。魚礁とは、魚類の蝟集や増殖を目的とした人工構造物のことであり、設置型の沈設魚礁、浮き魚礁（中層型魚礁、表層型魚礁）などいくつかのタイプがあります。魚礁を利用する漁業者の多くは、二泊三日の操業パターンです。漁協では二〇キロ以上をキハダ、二〇キロ未満をシビとしています。キハダは鹿児島県本土や沖縄県、シビは島内出荷が中心です。カツオは三キロ程度の小型サイズが中心であり、キハダとともに漁獲されますが、これも島内へ出荷されます。

沿岸での一本釣りの主力対象魚はアオダイです。沖永良部島から徳之島方面に二時間から三時間ほどの海域に好漁場が存在します。大半の漁業者は日帰り操業ですが、一泊二日の操業をする漁業者もみられます。出荷先の中

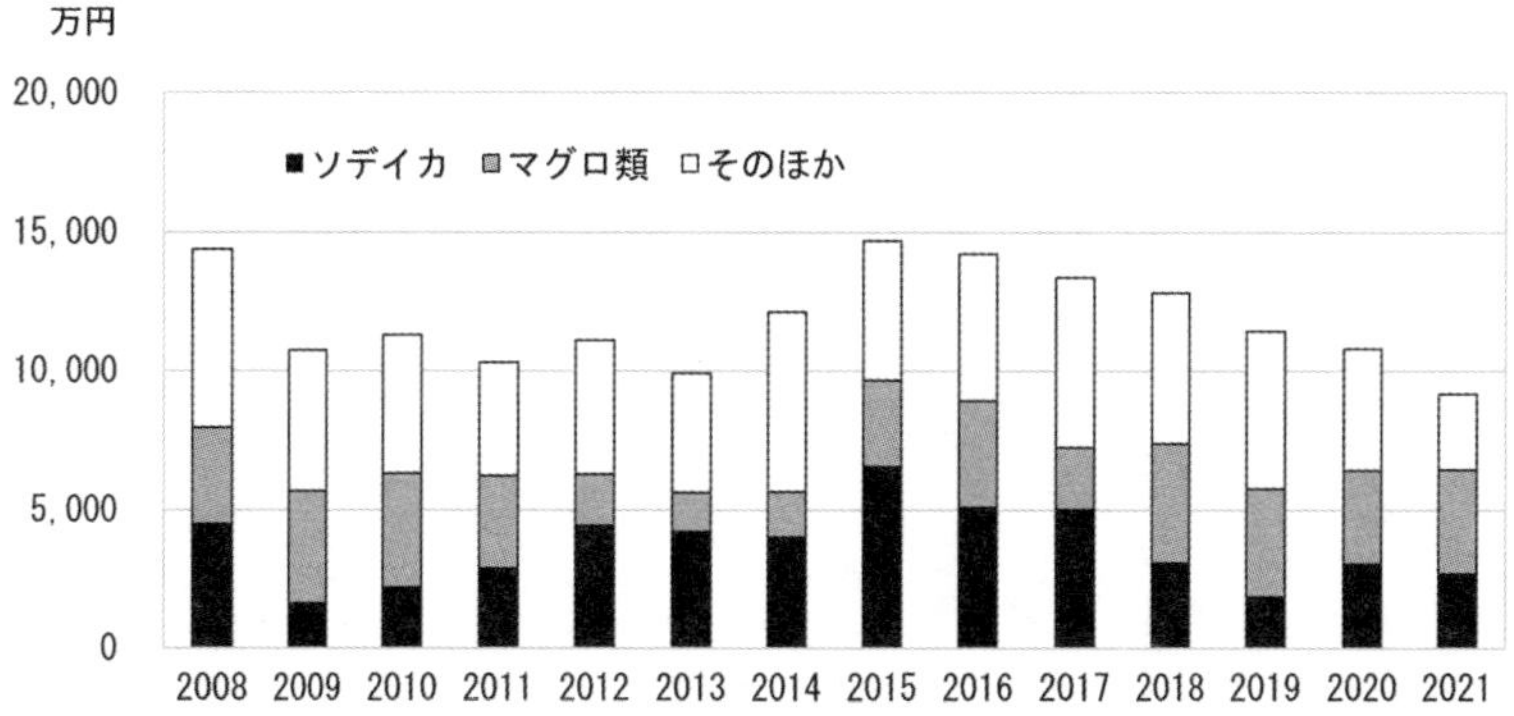

図 2. 漁獲量・漁獲金額の推移

資料：沖永良部島漁協

心は沖縄県です。

沖永良部島漁協における年間漁獲量は一〇〇トンから一五〇トン、年間漁獲金額は一億円から一・四億円で推移しています（図二参照）。近年、ソデイカやマグロ類以外の漁獲量が減少傾向にあり、年間漁獲金額に占めるソデイカとマグロ類の割合は七〇・四％にまで高まっています。水揚げされた漁獲物の八〇％近くが鹿児島県本土や沖縄県へ出荷されます。

2 魚礁の設置と利用

沖永良部島の沿岸には漁協や地元自治体が設置した小型の浮き魚礁や沈設魚礁、沖合には鹿児島県が設置した大型の浮き魚礁（表層型魚礁、中層型魚礁）、さらにその沖合には国が設置した浮き魚礁が設置されています。漁協が設置した浮き魚礁を利用するには、漁協へ年間一・五万円の利用料を支払う必要があります。鹿児島県が設置した浮き魚礁は「奄美大島地区人工魚礁管理運営協議会」（以下、協議会）によって管理されており、利用希望者は漁船規模や漁業種類に応じた負担金を支払い、配付された旗を掲げて操業することが求められます。沖永良部島では毎年二七名前後が協議会に利用を申請しています。正組合員の多くが登録しているほか、遊漁案内を目的に登録する准組合員もみられます。

かつては漁協が設置した共同漁業権内の沈設魚礁が多用され、ヒラアジ、カンパチ、ハタ類などの漁獲が盛んでした。その後、鹿児島県が沖合に大型の浮き魚礁を設置し、その周辺海域において漁獲が好調に推移したことから、これらの利用が盛んになりました。沖合の浮き魚礁周辺ではキハダ、メバチ、カツオ、オキサワラ、カンパチ、シイラなどが漁獲されています。魚礁の利用時期は七月から一〇月が中心であり、残る一一月から六月はソデイカ漁を組み合わせるパターンが多くみられます。

浮き魚礁を利用した漁獲実績（二〇一七年から二〇一九年）をみると、漁獲量は四〇トンから七〇トン、漁獲金額は二五〇〇万円から四五〇〇万円です。これは年間漁獲量の二五％から四五％、年間漁獲金額の二〇％から三五％に相当します。

3　魚礁の利用実態と漁業経営

協議会に利用申請を提出し、沿岸や沖合の浮き魚礁を利用する漁業者をランダムに七名選出して魚礁の利用実態と漁業経営における浮き魚礁利用の位置づけについてみていきます。さらに、浮き魚礁を利用した漁業に対する漁協職員の評価についても紹介します。

A氏（六〇歳代前半）

A氏は、四五年ほど前から漁業を開始しました。当時は周年、沿岸で一本釣りを行っていました。一九八〇年代から九〇年代にかけて浮き魚礁の設置がすすみ、ソデイカ漁の漁法も広まったことから、ソデイカ漁やマグロ漁も開始しました。さらに、鹿児島県や国が設置した二〇マイルから五〇マイル沖合の浮き魚礁一〇カ所ほどを利用してマグロやシイラも漁獲するようになりました。

現在は四・三トン船を用い、ソデイカ漁、マグロ漁、瀬もの一本釣りを組み合わせています。一一月から六月にかけてソデイカ漁、七月から一〇月にかけてマグロ漁を営みます。浮き魚礁を利用した漁獲金額は、A氏の総漁獲金額の約三分の一に相当します。沖合に浮き魚礁がなかったら回遊魚を蝟集できないことから、マグロ漁業は経営的に成り立たないだろうと評価しています。A氏は表層型浮き魚礁の増設を望んでいます。中層型浮き魚礁に比べて表層型浮き魚礁には多様な魚種が蝟集されることが理由です。

B氏（五〇歳代前半）

B氏は、土木関係や他船の乗組員として働いていましたが、二〇〇六年に独立、素潜り漁、マグロ漁、ソデイカ漁などを開始しました。二〇二一年に新船を購入し、マグロ漁とソデイカ漁に注力しています。

現在は四・九トン船を用い、一一月から六月はソデイカ漁、七月から一〇月はマグロ漁、その合間にイセエビやヤコウガイを漁獲します。鹿児島県や国が設置した沖合の浮き魚礁を中心に七カ所ほど利用します。僚船に漁獲状況を聞きながら漁場を選択します。浮き魚礁を利用した漁獲金額は、B氏の総漁獲金額の約半分に相当し、浮き魚礁なしには漁業経営は成立しません。

C氏（六〇歳代前半）

C氏は二〇歳代前半より追い込み漁を開始しました。三〇歳の時に潜水病に罹りましたが、それから一〇年ほどは追い込み漁を継続しました。その後、沖永良部においても浮き魚礁を利用した釣りが盛んになったことから、追い込み漁だけではなくサワラ漁、その後にマグロ漁も開始しました。マグロ漁からの収入が見込めるようになると、追い込み漁の従業員も独立してマグロ漁を営むようになったため、追い込み漁を廃業しました。

現在は四・五トン船を用い、一一月から六月にかけてソデイカ漁、七月から一〇月にかけてマグロ漁を営んでいます。漁場は一二マイルから五〇マイル沖合にある浮き魚礁であり、四〇カ所ほどを巡りながら漁獲しています。浮き魚礁を利用した漁獲金額は、C氏の総漁獲金額の約二〇%に相当します。ただし二〇二一年度はマグロの価格が良好である一方、ソデイカが不漁であることから、浮き魚礁を利用した漁獲金額は全体の五〇%近くに達しました。浮き魚礁を利用したマグロ漁とソデイカ漁の二本柱があるため、どちらかの不漁をもう一方の漁獲で補うことが可能です。ひと航海二泊三日を目安にしていますが、ある程度の釣果があれば早めに帰港します。漁場が遠方にあることから、体力的に厳しいことが理由のひとつです。

C氏によると、数年前まで距岸九マイルほどの海域に浮き魚礁がありましたが流出したようです。近海に魚礁があれば、釣行技術に劣る者でも釣果を得ることができるため、新規参入者を確保しやすくなるのではないかという考えをもっています。

D氏（六〇歳代前半）

D氏は二〇歳代前半から追い込み漁の従業員として漁を行うようになりました。しかしC氏と同様、三〇歳の時に潜水病に罹ったため、追い込み漁をやめて釣り漁業を営むようになりました。その頃、奄美群島においても浮き魚礁が本格的に導入されるようになり、漁協の青年部は沖縄県や奄美大島の瀬戸内漁協へ視察に訪れ、漁法や漁具を学びました。

現在は、マグロ漁を中心にソデイカ漁、悪天候時は沿岸で延縄を営んでいます。沖永良部島周辺には数多くの浮き魚礁がありますが、国が設置した浮き魚礁を中心に二〇カ所ほどを利用します。浮き魚礁を利用した漁獲金額は、D氏の総漁獲金額の七〇％から八〇％を占めます。ひと航海一泊二日、ないし、二泊三日です。

D氏は、沖永良部の漁業は浮き魚礁なしには成立しないとしたうえで、今後の魚礁設置にあたり、多機能センサーの装着を求めています。水温、潮流、魚群探知機などの装置が備わった浮き魚礁であれば、出港時にある程度の釣果を予測できるとの考えをもっています。

E氏（五〇歳代後半）

E氏は半農半漁です。農業経営の傍ら潜水漁業を営み、昼間にタコ、夜間にイセエビを漁獲していました。一九八〇年代から九〇年代にかけて浮き魚礁が設置され、周囲の漁業者が漁に恵まれていたことから漁船を新造してマグロ漁を開始しました。F氏から教えられたとおりに操業したところ、順調に釣果を得ることができました。

現在は四・九トン船を用い、四月から五月にマグロ漁、一一月にソデイカ漁を行い、一二月から四月にかけてのサトウキビ経営と組み合わせています。日帰り操業を中心に、長くとも二泊三日の操業です。浮き魚礁の位置をＧＰＳに記録すれば、確実に漁場に到着でき、確実に釣果を得ることができます。

ただ、大量の付着物によって海面下に沈む表層型浮き魚礁もあります。ＧＰＳでおおよその位置を把握しているものの、船底にあたると危険であることから周囲での操業を控える必要があります。また、浮き魚礁によって蝟集効果に大きな差があることから、魚礁を更新する際には設置場所の検討が重要であるとの考えをもっています。

Ｆ氏（四〇歳代前半）

Ｆ氏は漁業開始当初、潜水漁業を営んでいました。しかし、周囲の漁業者がマグロ漁を営むようになったことから、友人からマグロ漁の仕掛けを習い、それを改造しながら操業を開始しました。現在は七・九トン船を用い、一一月から六月にかけてソデイカ漁、七月から一〇月にかけてマグロ漁を営んでいますが、二〇二二年はソデイカ漁が不漁であったため、年明け早々にマグロ漁へ切り替えました。浮き魚礁がなければマグロを効率的に漁獲することができないうえ、魚群探査を目的に多くの距離を航行せねばならず、マグロ漁は経営的に成り立たないだろうと判断しています。

ただ、浮き魚礁の設置数が増えるに従い、ひとつの魚礁に蝟集されるマグロやカツオの量は減少傾向にあると感じています。また、浮き魚礁周辺では小型のキハダやメバチも釣れてしまう点が資源利用上の課題としています。さらに、他県船との調整問題も存在します。鹿児島県が設置した浮き魚礁周辺では、承認を受けていない他県からの大型カツオ漁船も操業しています。

今後は多機能な浮き魚礁の設置を望んでいます。例えば、波高や風量、潮流を前もって把握できれば釣果をある程度予想でき、無駄な出漁を控えることができると考えています。

沖永良部島漁協の産地市場

G氏（四〇歳代後半）

G氏はF氏からマグロ漁の技術を習い、漁業を開始しました。七・三トン船を用い、一一月から六月はソデイカ漁、七月から一〇月はマグロ漁や瀬もの一本釣りを中心に営んでいます。沖合二〇マイルから七〇マイルに設置された浮き魚礁周辺で操業しています。G氏はソデイカ漁に注力していることから、浮き魚礁を利用した漁獲金額は全体の一〇％ほどです。ただ、設置される浮き魚礁の数が増えたこと、大型カツオ船による小型魚の漁獲などによって、蝟集されるメバチが減少したと感じています。

魚礁を利用すれば釣行技術に劣るものでも釣果を得ることができるため、新規参入者の経営を支えることも可能です。また、沖永良部島沿岸には瀬が少ないため、沿岸に沈設魚礁があれば経営上、有効であると考えています。

漁協職員の評価

浮き魚礁を利用する漁業者は毎年二七名前後、ほぼ横ばいで推移しています。ソデイカ漁と浮き魚礁を利用した漁業との組み合わせが多く、ソデイカ漁の禁漁期である七月から一〇月に魚礁を利用するパターンが中心です。年末年始や四月などマグロの価格が高い時期は、ソデイカが釣れていても価格の良いマグロを狙う漁業者が多い傾向にあります。ソデイカ漁とマグロ漁の二本柱のおかげで、どちらかの漁模様が悪い場合は、もう一方の漁業を行うといったリスク分散が可能です。

ただ、マグロ漁が可能な浮き魚礁は遠方海域に設置されており、泊まり込みでの操業が必要とされます。沖永良部島漁協でも漁業者の高齢化がすすんでおり、遠方に設置された浮き魚礁での操業が体力的に厳しいことを指摘する漁業者もみられるようになりました。高齢漁業者でも操業可能な近海に魚礁を設置することが求められています。

4　魚礁設置の効果と課題

統計データと漁業者への聞き取り調査の結果、魚礁周辺での漁獲実績は全漁獲量の四五%、全漁獲金額の三五%に相当すること、各経営体においては年間漁獲金額の一〇%から八〇%を魚礁周辺で記録していることが明らかになりました。

魚礁設置の具体的効果として、効率的漁獲の実現、漁場の探査不要、燃油消費量の抑制、漁獲の確実性が挙げられます。つまり、魚礁を設置することによって魚群探査が不要になり、安定的漁獲と燃油消費量の削減による経営安定化が実現されています。

その一方で、魚礁の流出や沈下などに対する適切なメンテナンスの必要性、小型魚の蝟集とその漁獲、未承認船による漁獲などの課題を抱えていることが明らかになりました。さらに、魚礁周辺で漁獲される魚種は数種に過ぎず、単価も安価に留まっています。また、魚礁の設置場所についても意見の相違があることが明らかになりました。魚礁の設置場所は、科学的知見に加えて、漁業関係者の意向を踏まえた上で事業主体である自治体が決定しますが、操業が盛んではない海域、希望しない場所や機種が設置されることもあります。こうした場合、設置された魚礁の利用がすすまない場合もあります。

今後の魚礁整備に対して、沿岸への設置が挙げられました。加齢とともに沖合魚礁での操業は体力的に厳しいという意見も出されており、沿岸に魚礁があれば、技術に乏しい新規参入者のみならず、体力的な心配がある高齢者も安心して操業できます。漁業者の高齢化は全国共通の課題です。もちろん次世代の生産を担う若い漁業者の確保も大切ですが、高齢漁業者が安心して生産できる環境づくりと、それによる食料供給機能の維持を図ることも大切です。生産力増強という視点だけではなく、高齢漁業者の操業条件の整備といった視点からの生産施設の整備も求められます。

さらに、魚礁へ多機能センサーの装着を求める意見もみられました。水温や潮流などが備わった魚礁であれば、出漁前に釣果をある程度、予測できることから、無駄な出漁を控えることが可能です。近年、様々な装置を使った「漁業の見える化」の取り組みが行われており、経営効率化への期待が高まっています。魚礁にもセンサー等の装着がすすめられており、出漁時の判断材料のひとつとして活用されてはじめています。

5　沖永良部島の漁業のこれから

魚礁の技術は日進月歩で進化しています。沖永良部島のように毎年大型の台風が近接する地域において、浅海域へ浮き魚礁や沈設魚礁を設置するのは容易ではありませんでした。魚礁の滑動や転倒などのリスクが大きく、安全性や経済性などに課題を抱えていました。しかし、構造計算に基づき様々な工夫がなされた結果、こうした沿岸海域においても魚礁を設定できるようになりました。沿岸海域への魚礁設置がすすめば、高齢漁業者はもとより釣行技術や操船技術などに劣る新規参入者も一定程度の漁獲を得ることが期待できます。新規参入者は沿岸で技術を磨き、その後、沖合魚礁を利用して漁獲を得て、高齢化して体力的に厳しくなれば再び沿岸で操業を行う。こうした操業サイクルの確立によって、幅広い年代の漁業者が安定的に操業できるとともに、そこからの食料供給機能の維持も期待できるのではないでしょうか。

V　奄美漁協：漁業者と漁協が一体となった漁業経営振興への挑戦

1　地域の漁業概要

奄美漁協には二〇二〇年二月現在、正組合員一六六名、准組合員八三五名が所属し、二〇一九年度の年間の水揚げは一億二七〇〇万円、一五二トンです。本稿でとりあげる笠利地区には漁協職員四名、正組合員約七〇名、准組合員約三三〇名がおり、年間の水揚げは一億一〇〇万円、一一六トンです。一本釣り漁業を中心に、潜水器漁業、モズク養殖、敷網漁業などが行われています。漁業者の高齢化と減少、仲買人の減少により水揚金額や魚価は低迷していましたが、これから紹介する取り組みなどによって二〇一四年以降、水揚金額・量ともに増加傾向にあります。

2　高鮮度出荷への挑戦

笠利地区の漁業者は、漁獲した魚を鹿児島県漁連や沖縄県泊市場、隣接する名瀬漁協へ出荷してきました。島外出荷にかかる輸送費は奄美群島振興開発特別措置法による支援を受けていますが、出荷用の発泡スチロール、大量の氷、市場への手数料などは支援対象外であり、出荷コストを押し上げる一因として指摘されてきました。

こうしたなか、若手漁業者のひとりであるA氏は、鹿児島県内において品質保持を試みる地域への視察をきっかけに、漁獲した魚に神経締めや脱血などの処理を行うようになりました。品質を重視した生産体制へ転換することによって、限られた漁獲量から最大限の経済的利益の確保を目指したのです。

しかし、船上での漁獲物の処理には手間がかかり、漁獲効率が大幅に低下しました。また、品質の良い魚を市場へ出荷しても、仲買人からの信用が高まるには時間がかかるため、即座に価格へ反映されません。手間がかかり、価格へ反映されるか分からない取り組みに対して、冷ややかな目を向ける漁業者も少なくありませんでした。

3　量販店B社への直接出荷の試み

相対取引の開始

二〇一四年三月、奄美漁協は、B社より相対価格による直接取引の打診を受けました。奄美漁協は沖縄県へ出荷していましたが、その魚を購入していたB社は品質の良さに注目したのです。ちょうど漁協も、販売価格が安定した取引体制へ移行したいと考え、漁業者と協議していた時期でした。そこで漁協は、関係する漁業者を集め、B社から示された取引条件（周年同一価格、脱血などの処理方法は不問）を伝え、直接出荷の取り組みに着手するか否か判断を求めました。B社の示した価格は市場の年間平均価格よりもやや高値だったことから、まず一年間、直接取引を実施することで意見はまとまりました。直接出荷の対象魚はヒメダイ、アオダイでした。

ただ、時化が続く冬場は市場価格が高値で推移することが多いため、市場出荷を試みる漁業者もみられました。漁協は、直接取引を実施すると決めた漁業者に対し、二〇一四年度は市場出荷しないよう指導しました。そして、一度、直接取引の体制から抜けたら、再参加は認めないことを決めました。

魚の処理方法についてはB社から指定がなかったことから、野締め、活け締め、神経締め、脱血処理の有無など様々な品質の魚が混じり合いながら出荷されました。野締めとは、漁獲した魚を船上に揚げて氷水などに漬けて締める方法です。活き締めとは、生きた魚に包丁などをいれて締める方法であり、鮮度を保つことができます。神経締めとは、活き締めの方法のひとつであり、魚の鮮度を保つために背骨付近に通っている脊髄にワイヤーなどを通し、神経を壊す締め方を指します。

A氏は、品質を重視した処理方法を周囲の漁業者にも勧めましたが、面倒であることを理由に賛同は直ぐには広まらなかったため、関心をもった仲間数名とともに処理の取り組みを継続しました。

転機になったのが沖縄県への視察でした。市場において沖縄県内の漁協名が書かれたステッカーの添付された出荷物があったことから、その品質について市場関係者に尋ねたところ、魚の締め方がとても丁寧であるとの説明を受けました。他産地の出荷魚に品質で負けてしまうのではないかという危機感を抱いたA氏や漁協職員は、笠利地区も「生き残るために」締め方などを統一しようと呼びかけました。B社への出荷によって漁業経営は好転の兆しを見せていたことから、漁業者は大切な販売先を失うことがないよう漁獲物の処理を徹底することにしました。

処理方法の統一

Ｂ社との取引開始一年後、漁協と漁業者が再び話し合ったところ、直接取引によって収入が増加したことが報告されました。四〇代から五〇代の漁業者から「将来を見通すことができる」との評価があり、取り組みを継続するという判断が下されました。

そして、二〇一五年四月より、出荷魚の処理方法を統一（活き締め、脱血処理）することになり、出荷者全員が処理技術の習得に努めました。具体的には、漁獲物を即殺した後、エラの付け根を切って脱血します。その後、海水で血を洗い流し、海水氷を用いて冷やすというものです。船上での手間がかかるものの、漁獲物の品質を保つことができるため全員で取り組みました。そして、直接出荷用の発泡スチロール箱や袋へ漁船名を記した紙を同封し、漁獲後の取り扱いに問題があった場合、即座に特定できる体制を整えています。

こうした取り組みを行っても出荷魚の年間契約価格は変わりませんでしたが、直接取引される魚種が広がっていきました。笠利地区からの出荷魚への信頼性が高まったことが背景にあります。

低酸素ウルトラファインバブル海水の導入

漁協では、低酸素ウルトラファインバブル海水（ＵＦＢ）を使った品質保持の取り組みも開始しました。これは、微細な窒素の泡を冷海水へ溶かし、その海水に魚を浸漬することで体表面の酸化防止や臭いの低減を目指す技術です。UFB技術を開発したナノクス社（北九州市）によると、出荷前の魚をUFBに三〇分程度、漬け込むことで、「従来よりも長い期間、鮮度を保持することができる」としています。

二〇一五年、漁協職員や奄美市職員が偶然、UFBを用いたサバの鮮度保持の様子をみたことをきっかけに、組合長へUFBの効果と導入を相談しました。組合長から直ぐに視察にむかうよう助言され、UFBの製造元であるナノクス社において説明を受けました。そして二〇一六年二月から試験を開始、四月から本格的にUFBを用いた処理を開始しました。

UFB処理開始後もB社への出荷価格は据え置かれました。漁協や漁業者は、値上げによる短期的な利益追求ではなく、B社が今後も安定的に笠利地区の漁獲物を購入してくれることが大切であると判断しています。

B社との取引規模の拡大

二〇一四年にはじまったB社との取り引きは、年々拡大しています。B社は年一回、奄美フェアを開催し、試食販売を実施しています。漁協とB社はフェアに合わせて魚の取り扱い等についいて意見交換しています。

Ｂ社より、品質が良好であることを理由に多様な魚種を取り扱いたいとの要望を受けました。そこで漁協は、アオダイ、ヒメダイ、オオヒメ、ハマダイなどを中心とした一本釣り漁業による漁獲物に加え、二〇一七年より潜水器漁業によって漁獲されるヒブダイの出荷も開始しました。また、民間企業に出荷魚のＫ値の測定を依頼したところ、非常に低い数値を記録しました。これは細胞内エネルギー代謝を利用した指標であり、アデノシン三リン酸（ＡＴＰ）の分解過程を指標としたものであり、一般にＫ値が小さいほど鮮度が良好であることを示します。

この数値をみたＢ社は、一時的な保管に十分耐えられる品質であると判断し、漁協に対して台風の接近時は漁獲物を奄美漁協において保管しておくよう要望しました。Ｂ社は台風通過後にそれを取り扱うことで、魚介類の欠品を回避しています。

Ｂ社への出荷金額は二〇一四年には二四七〇万円でしたが、二〇一九年は五〇〇〇万円を超えるまでに増加しました。取引対象魚種も二〇種類を超え、これは笠利地区で水揚げされる魚種の八〇％近くに相当します。

市場出荷よりも収入を得ることができることが漁業者間へ広まり、笠利地区はもとより隣接する龍郷支所からも直接取引への参加希望者がみられるようになりました。専業漁業者だけではなく、漁獲した魚を自家消費にむけたり、周囲に配ったりしていた兼業漁業者も取り組みの輪に入るようになり、直接取引に参加する漁業者は四〇名近くまで増加しました。

その一方で、漁業者内部の意見調整が漁協職員の負担になりました。調整事項の中心はB社への出荷価格です。市場の価格は、海が時化る冬場に上がり、凪が多い夏場に下がるため、B社への冬場の出荷について不満があげられる一方で、夏場には不満は収まる傾向にあります。そこで二〇一八年、直接取引に参加する漁業者で出荷協議会を組織し、その役員が中心になって内部の意見調整を図ることで、漁協職員の負担軽減がはかられています。

UFB 処理魚の出荷

直接出荷への参加許可も出荷協議会が下します。直接出荷への参加条件は、漁協の施設を利用すること、船上で活き締めを施すこと、協調性があること、です。なお、先述したとおり、一旦、直接取引から抜けた漁業者の再参加は原則、認められません。

4　鮮度管理から品質管理へ

Ｂ社との直接取引を機にした品質管理の取り組みは、更に加速します。二〇一六年より、脱血処理に必要なエラ切りの場所を統一しました。魚は左向きに置かれることから、売り場へ並べた際に見栄えが良いよう右側のエラを処理することにしました。また、Ｂ社への出荷時、一尾でも活け締めされていない魚が混じれば全体の評判が落ちるという考えのもと、出荷作業を担当する漁協職員や漁業者は、適切に活き締めが施されているか否か確認を徹底しています。

衛生管理への関心も高まり、選別台、プラスチック魚箱、紫外線殺菌装置などを導入しました。さらに、防鳥ネットの設置、荷さばき場の設定とそこでの帽子や雨靴の着用を徹底しています。二〇二〇年一二月には、大日本水産会より「優良衛生品質管理市場・漁港」の認定を受け、海外市場の開拓も視野に入れています。

このように、鮮度保持からはじまった高付加価値生産の取り組みは、取引先や消費者を念頭に置いた処理の実施、海外市場の開拓の試みなどへ広がりをみせています。

5　取り組みの成果と課題

品質保持の徹底、B社との相対取引と規模拡大により、市況に左右されない安定的な漁業経営を実現できるようになりました。取り組みをはじめる前年の二〇一三年と二〇一九年を比較すると、漁獲量は約二六％増加しました。市場における需給バランスを考えることなく操業可能なこと、一定価格が故に兼業漁業者も積極的に操業するようになったことなどが寄与しています。

笠利地区の漁獲物をB社が積極的に購入していることから、出荷先は大きく変化しました。二〇一三年は島内出荷七四％、島外出荷二六％でしたが、二〇一九

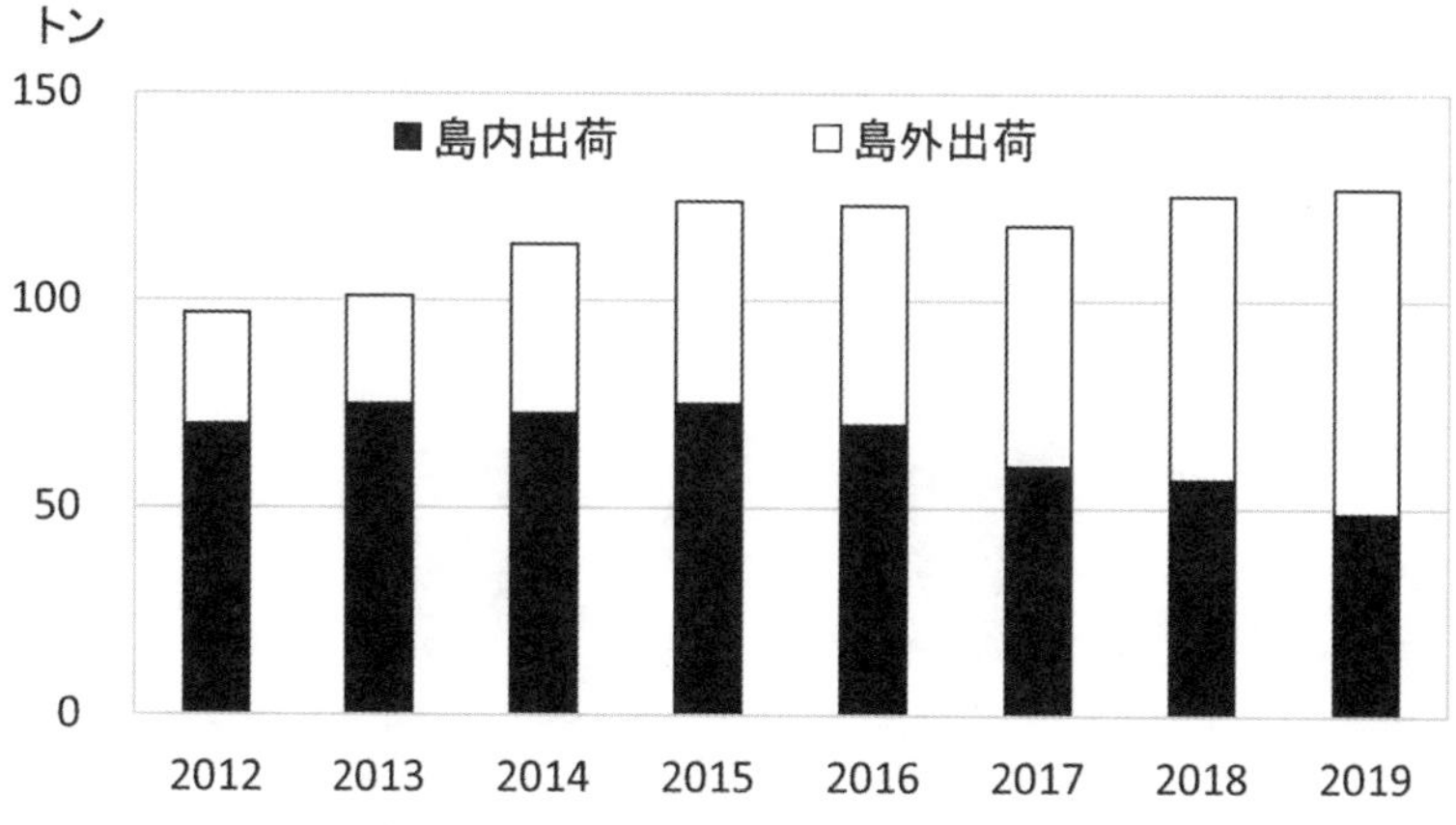

図3. 島内外別にみた出荷量の推移（笠利地区経由）

資料：奄美漁協

年は島内出荷三九％、島外出荷六一％です（図三参照）。漁獲金額をみると、漁獲量の増加と平均単価の上昇（一キロあたり七五八円から八七六円、約一六％）によって、二〇一九年の漁獲金額は二〇一三年に比べて約四五％増加しました（図四参照）。二〇一九年の出荷をみると、沖縄が約四九％を占めることからも分かるように、B社は奄美漁協笠利地区にとって重要な取引相手です。それに次いで島内（三八％）、鹿児島本土（七％）、C社（六％）のようになっています。

漁協職員によると、B社や地元への相対取引へ参加する漁業者の漁獲金額は一〇％から五〇％ほど上昇しました。経営が好調に推移するようになったことから、漁業への新規着業もみられるようになりました。ある漁業者の子息は、中学生時

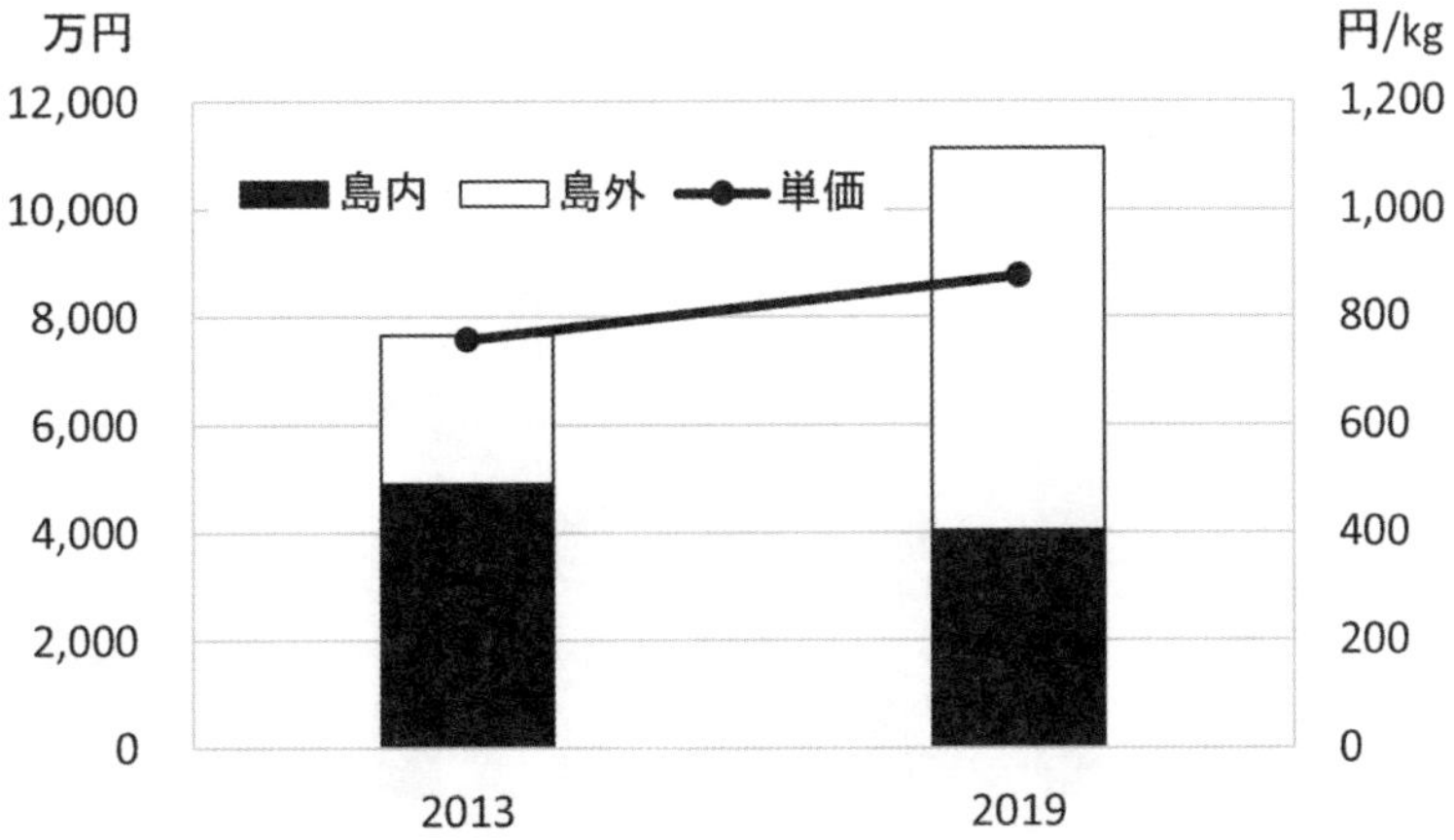

図 4. 島内外別にみた出荷金額と単価の推移（笠利地区経由）

資料：奄美漁協

代から漁業者になりたいという希望を抱いていましたが、漁業経営の厳しさを知る親は漁業への着業を勧められずにいました。しかし、相対取引によって魚価が上昇し、漁家収入が増加したことから、子息の漁業着業への希望を受け、現在は親子で操業しています。

また、漁業者の仲間意識も高まっているようです。かつては、早く出漁し、早く帰港して出荷すれば高値を狙えることから、漁業者同士はライバル関係でした。しかし、現在はいつ出荷しても価格は同じであり競争する必要がなくなりました。漁獲後の処理や出荷などの作業も共同で実施するようになったことから、仲間意識が強まったようです。こうした仲間意識は、ＵＦＢ導入以降の品質向上のための諸活動のベースにもなっています。

その一方で、検討すべき課題も存在します。

第一は、高鮮度出荷の取り組みを出荷単価に反映させる点です。Ｂ社との取り引きを開始した二〇一四年、市場価格よりもやや高値で周年、取り引きすることを決めました。その後、漁獲後の処理の統一、ＵＦＢの活用などの取り組みを行いましたが、取引価格は据え置かれています。漁協や漁業者は、取引関係を長いものにしたいこと、取引数量や取引魚種が増えたためより多くの魚が市場より高値で出荷できるようになったことを理由に価格改定には消極的です。その一方で、燃油や漁具などの価格は上昇していますし、ＵＦＢなど鮮度保持の取り組みには費用がかかります。いずれ出荷価格について検討することが求められましょう。

第二は、B社への依存度の高さを指摘できます。奄美漁協笠利地区における出荷量全体の約四九％、島外出荷の大半をB社が占めます。出荷量の半数が相対取引であることから、安定出荷を実現しているとみなすことができる一方で、B社の経営動向や仕入れ政策の変更がリスクになります。今後も引き続き品質の向上に努め、B社のニーズにこたえる努力が求められると同時に、島外の出荷先に「もうひとつの柱」を建てられるよう販路を開拓することが求められます。

第三は、漁協職員の役割への評価です。直接取引の実施によって、漁協職員は取引先のニーズを勘案しながらの荷割り、注文への対応など、仕事量は大幅に増加しました。漁協は、取引相手が魚を必要とするときには、お盆や年末年始であっても対応する方針です。繁忙期は四名の職員では足りず、臨時職員を雇用して対応しています。漁協職員の多忙な様子をみかねた漁業者は出荷協議会を組織し、漁業者内部の意見調整は漁業者自身で行う体制を整え、漁協職員の負担軽減を図ろうとしています。さらに、漁業者は漁協職員の給与増加を支持しているようです。ＵＦＢや直接出荷の取り組みは漁業者と漁協職員が両輪となって取り組まなければ長続きしません。

6　漁業経営の改善に果たす漁協の役割

　このように締め方の工夫やＵＦＢという新技術の導入によって出荷魚の品質向上と維持を徹底し、Ｂ社へ契約に基づいて販売することによって笠利地区の漁獲量と漁獲金額は増加しました。安定した価格で販売できるようになったことから、活発な生産活動を行う漁業者がみられるようになるとともに、新規着業者も確保できるようになりました。

　このような活動を支えるのは、漁業者と漁協職員です。

　まず、新しい技術の導入に積極的な漁業者の存在を見逃すことはできません。出荷魚の品質を高める締め方の工夫は、その後の諸活動の原点でした。直ぐに賛同は得られなかったものの、数名の仲間との継続的な取り組みが、沖縄市場の視察をきっかけ生まれた危機感によって漁業者全体へ広まりました。手応えを得た漁業者集団の取り組みは加速を続け、品質保持や衛生管理、需要者を念頭に置いた処理の工夫などに拡大しました。

　そして、漁業者の取り組みを支えるのは、四名の漁協職員です。漁協職員は組合長や漁業者とともに、経営安定化を目的とした相対取引への移行をすすめました。Ｂ社との取引開始後、いわゆる荷割作業は漁協職員が全面的に負っており、Ｂ社やＣ社、島内外の需要者のニーズ、さらには漁獲物の品質、サイズ、重量、種類などを勘案しながら一尾一尾の出荷先を決定しています。荷割は漁業者の収入に直結するため、漁業者から不満をぶつけられることもあるようです。しかし、直接出荷に参加した漁業者は経済的利益を享受していることから、漁協職員の取り組みや判断を支持しています。さらに、漁協職員は組合長らと手狭になった生産施設の更新や海外市場の開拓も視野に入れた活動を展開しており、漁業経営の更なる向上が期待されます。

こうした漁協職員の活躍を、漁業者は支援しています。漁業者内部の意見調整が漁協職員の負担にならないよう、漁業者はグループを組織してそのなかで意見の調整を図っています。漁協職員の待遇改善に積極的な姿勢を示す漁業者もみられます。ＵＦＢや直接出荷の取り組みは漁業者と漁協職員が両輪となったものであり、そこからの「果実」は漁協職員も享受すべきであるという考えが背景にあります。

笠利地区の取り組みからみえてくるものは、「漁協本来の姿」です。漁協は漁業権の管理と経済事業の実施を通じて、組合員である漁業者に対する直接の奉仕を目的とした組織です。しかし、経営の弱体化が進み、本来的な役割を果たすことができない漁協は数多くあります。職員数が大きく減らされ、経済事業を実施できず、半ば漁業権管理団体化した漁協も少なからず存在します。

笠利地区においても漁協経営の悪化は深刻であり、二〇〇五年に複数の漁協が合併して現在の漁協が誕生しました。その後も漁業生産の縮小が続き、先行きが危ぶまれました。しかし、一部漁業者と漁協職員によってはじまった「生き残るために」を目的とした活動は、漁業者が責任をもって良質な漁獲物を水揚げする、それを漁協職員が安定的に販売する（販売事業）、更なる経営向上を目指した新技術の導入や衛生管理指導を徹底する（指導事業）といった活動へ進展しており、安定的な販路の確立に結びつきました。漁協の根幹的役割である販売事業や指導事業が漁業経営の向上に寄与しており、漁協本来の役割と機能が発揮されているとみなすことができるでしょう。

Ⅵ　与論町漁協：民間企業と一緒になった販路確保

1　地域の漁業概要

与論町漁協には正組合員五〇名、准組合員二二七名が所属してます。年間の漁獲量は三〇〇トン前後、漁獲金額は二億円から三億円で推移しています。主力漁業は、ソデイカを対象としたソデイカ旗流し、キハダを対象とした曳き縄であり、二〇二〇年度は、この二漁業種類で全漁獲量の七六％、全漁獲金額の六七％を記録しました。

2　生産関連施設の整備と島外出荷の促進

与論島周辺では一九八〇年代以降、地元自治体や漁協によって小型魚礁が設置されてるようになりました。一九九〇年代に入ると鹿児島県によって大型の浮き魚礁が設置されるようになり、その周辺海域においてキハダやカツオ、シイラなどが大量に漁獲されるようになりました。漁業経営が好調に推移するようになったことから、大型船を新造してより多くの漁獲を求める漁業者がみられるようになりました。さらに、漁業者の子息が参入したり、島内の非漁家出身者や島外出身者が漁業へ参入したりするケースも相次ぎました。多くの漁業者が魚礁を利用するようになったため、操業に支障を来すことがないよう、漁協によって操業のルールも設定されました。

漁獲の増加に合わせて、島外出荷体制の整備もすすめられました。与論島では一九七〇年代まで製氷施設や出荷用コンテナ、市場などの整備が行われておらず、漁獲物の販売は島内住民を直接相手にした「浜売り」が中心でした。一九八二年、茶花港に産地市場が開設され、漁協による市場業務がはじまりました。漁協は島内外出荷に向けた一元集荷体制を目指したものの、漁業者は長年、島民へ漁獲物を直接販売する「浜売り」を慣習としてきたため、市場への集荷がなかなかすすみませんでした。しかし一九九〇年代に入ると、浮き魚礁周辺でのキハダ漁に加えて、タチウオ漁やソデイカ漁が盛んになり、漁獲量が飛躍的に増加しました。島内での魚介類消費量には限界があることから、その多くが島外出荷されました。漁協も製氷施設の建設や出荷用コンテナを導入するなど、島外への出荷体制を整えていきました。その結果、漁獲物の三分の二近くが島外へ出荷されるようになりました。

ただ、与論島から鹿児島市場や沖縄市場への到着には時間がかかります。漁獲後、二日ほどたったものが市場に並ぶこともあるため、市場での取引価格は低くなりがちでした。漁獲した魚を、いかに良い状態で届けるのかという点が課題として浮上しました。さらに、島外に出荷するには輸送費用が必要になるため、市場価格が低い魚を島外出荷しても費用が嵩み赤字になってしまいます。なかでもシビ（小型のキハダ）は漁獲量が多いものの市場価格が低く、島外出荷でしづらい魚であるとともに、島内市場へ販売しても売れずに残ってしまいます。これら島外出荷しても採算の合わない魚の有効利用も課題になりました。

漁協はソデイカやシビなどを用いて加工事業を開始しました。しかし、働き手を安定的に確保できないこと、製造した商品の販路が十分ではないことなどを理由に、事業は軌道に乗りませんでした。

3　鹿児島大学や民間企業と連携した商品開発

漁協は、水揚げされた魚介類の鮮度保持と単価向上を目的に、二〇一一年より鹿児島大学水産学部とともに共同研究を開始しました。シビの有効活用について検討を始めた結果、ＡＴＰ（アデノシン三リン酸）に焦点をあてた研究を開始しました。魚類の筋肉中にはＡＴＰが存在しますが、死後、減少していきます。実験の結果、シビの筋肉中にＡＴＰが残るのは漁獲後四時間から五時間以内であることが明らかになりました。そこで、漁獲後、三時間から四時間以内に漁協の加工場で真空パックに詰め、マイナス三五度で急速冷凍することで鮮度を保持する方法を開発しました。漁協で試食会を開催したところ、解凍後の品質の良さに驚きの声があがりました。

手応えを感じた漁協は、この取り組みへの参加希望者を募りました。しかし実際に手を挙げたのは、当時六二名いた正組合員のうち一〇名に過ぎませんでした。その理由は、漁獲後三時間から四時間以内に漁協の加工場へ持ち込まなければならないという点にありました。漁場から漁港まで一時間近く要することから、操業可能な時間は三時間ほどしかありません。この時間に十分な漁獲を得られない場合、往復の燃油代が嵩むため経営的に成り立ちません。実際に操業してみたものの、三時間程度の操業時間では十分な漁獲を揚げることができなかったことから、最終的に製品づくりまで携わった漁業者は三名から四名に留まりました。

さらに、新たな課題が浮上しました。漁業者の協力によって良質な製品をつくることはできたのですが、それをどこへ販売するのかといった点が問われるようになったのです。島外の需要者と交渉し、契約の締結、製品の輸送、代金の回収、意向の把握などを行う余力は漁協にあるのでしょうか。漁協職員は熟考の結果、漁協自ら製品を販売する力は無いと判断し、大学から紹介を受けた鹿児島市に本社を置く業務用食品卸売会社Ａ社へサンプルを送るとともに、試食会を開催しました。そうしたところ、Ａ社よりＡＴＰに注目した商品を全量、一定価格で取り扱いたいという意向が示されました。シビの取引価格は市場の平均価格よりも高値であり、送料もA社の負担とされました。

これにより、①漁業者は沿岸でキハダやシビを漁獲し、適切な処置を施すとともに漁協へ連絡を入れる。②連絡を受けた漁協は漁獲物の受け入れ準備を始め、漁業者が水揚げした魚を三枚おろしなどに処理して、真空パック機にかけた後に急速冷凍する。③それを冷凍保管し、一定量になるとA社へ出荷する。④A社はその製品を鹿児島県内外のホテルや居酒屋へ販売する、という体制が構築されました。

4　取り組みの成果と課題

与論町漁協は自らに末端まで販売する力はないと割り切り、販売力あるA社と連携することによって販路確保を試みました。A社の購入価格は年間を通じて一定であり、漁業者は市場価格や漁獲からの時間などを勘案しながら市場出荷と加工場への出荷を選択できるようになりました。二〇一九年からはシイラについてもATPに注目した商品づくりが行われる予定でした。A社はATPに注目した高鮮度商品であることをPRしたポスターを作成し、全国の取引先へ販売することを計画していました。こうした取り組みによって漁業者も経済的恩恵を享受できるはずでした。

　しかし、この取り組みは現在、頓挫しています。二〇一八年の秋頃から漁場周辺にイルカが居着くようになり、イルカを恐れたキハダやシイラなどが漁場に寄りつかなくなったのです。漁協はイルカが去った後に取り組みを再開する意向を示していますが、現在のところその目処はたっていません。漁協では鯨類のみを遠ざけることができる技術の開発を求めています。

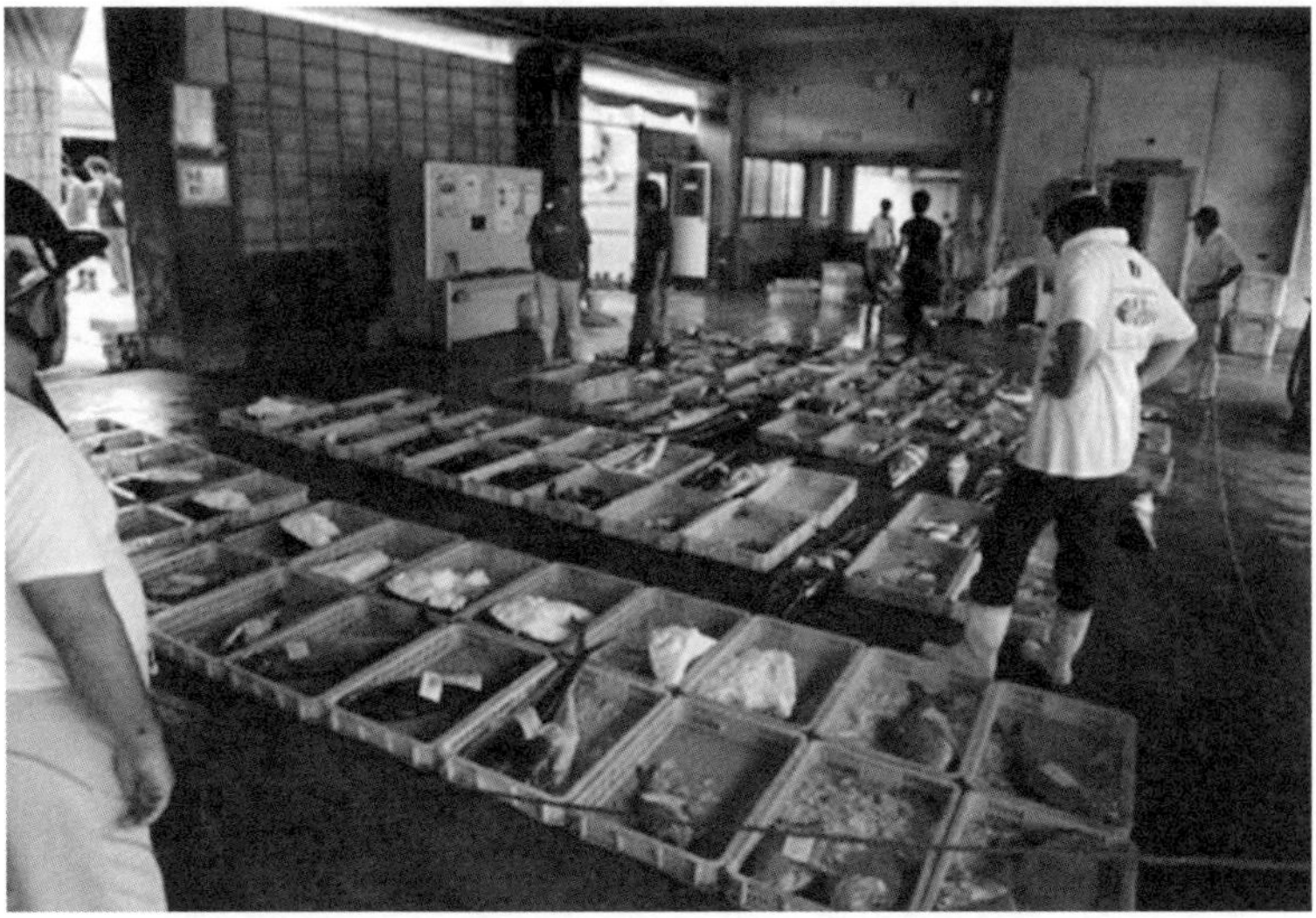

与論町漁協の産地市場

Ⅶ　瀬戸内漁協：企業誘致による経営振興

1　地域の漁業概要

瀬戸内漁協では戦前よりカツオ漁や追い込み漁が盛んに行われていました。しかし、雇用労働者の不足、他産地との競合関係激化、漁獲不振、燃油高騰などを背景に大きく縮減してきました。主力漁業を失ったため、地域の経済はもとより漁協経営も厳しさを増し、四名から五名いた漁協職員の給与を支払うにも四苦八苦する状況でした。

そこで一九五〇年代後半以降、漁協経営の安定化と雇用維持、養殖技術の獲得などを目的に、島外から養殖企業を誘致しようとする取り組みが積極的にすすめられました。ただし、養殖漁場と漁船漁業の漁場とが一部競合したことから、漁船漁業を営む漁業者から不満の意が示されるなど、企業誘致は紆余曲折を経ました。意見の相違は漁協の総会で調整が図られた結果、複数の養殖企業が参入し、ブリ養殖やマダイ養殖が行われるようになりました。一九九〇年代後半以降はクロマグロ養殖が盛んになり、養殖企業はそれぞれ生産規模の拡大をすすめました。今では瀬戸内漁協が管理する養殖漁場の八〇％以上が養殖企業によって使用されるとともに、養殖マグロの一大産地として知られるようになりました。

2　経済的効果の発揮

養殖企業による生産の安定化と規模拡大によって、漁協や地域に多大な経済的恩恵がもたらされています。

養殖企業は、漁協へ漁業権行使料（漁場利用料）を支払ったり、漁協の経済事業を利用したりしています。漁船漁業者や養殖企業から漁協へ支払われる漁場利用料の総額のうち、養殖企業の支払い分は五〇％近くを占めます。また、漁協の経済事業のひとつである購買事業（漁協の経済事業のひとつであり、漁業者の生活や操業に必要な餌、漁具、燃油などを供給する事業を指す）の総利用金額のうち、養殖企業が占める割合は四〇％を超えます。漁協の業務報告書をみると、毎年の事業利益や経常利益から、養殖企業が支払う漁場利用料や購買事業の利用金額を差し引くと大きなマイナスを記録します。瀬戸内漁協の経営は、養殖企業なしには成立しない状況にあると言えるでしょう。

養殖企業は、地域経済にとっても重要な存在です。雇用機会に乏しい離島地域において、養殖企業による雇用力は貴重です。養殖企業には一〇〇名を超える地元住民が雇用されています。若年者も数多く雇用されており、養殖企業は人口流出や地域コミュニティの崩壊を防いでいます。さらに、地域の祭事には企業で働く若い人々も積極的に参加しており、賑わいの演出や文化の存続といった側面からも評価できるでしょう。

3　直売店・飲食店を開業

二〇〇七年、「せとうち海の駅」の新設に伴い、瀬戸内漁協は瀬戸内町より直売店の出店を依頼され、一階部分に直売店「海力」を開業しました。漁協が市場において魚介類を落札し、それを「海力」で販売します。地元の漁業者は漁協が入札に参加することによって、入札価格の上昇に期待しました。一方で、従来からの仲買人は「漁協が良質な魚を全てとってしまうのではないか」、地元の商工会は「漁協が直売店を開業すると、地元の商店街への買い物客が減るのではないか」という点を懸念しました。こうした心配事はありましたが、現在では「海力」は観光スポットのひとつとして位置づけられています。

さらに漁協は、二〇一五年より直売店の一部を魚食レストランにしました。メニューの設定や価格設定などに苦労しましたが、今では地元の魚介類が食べられるお店として知られるようになりました。ただ、直売店やレストランの経営は損失（赤字）を記録し続けています。漁協は、漁業者の経営を支えることを目的に、入札時に相場よりも一キロあたり一〇〇円から二〇〇円高く買い取ることを意識しているため、商品の原価率は高くなりがちです。一方で、仕入れコストを販売価格に転嫁しすぎれば、割高であるとして客足が遠のく可能性があります。「漁協直売店」に対して「鮮度感」だけではなく「割安感」をイメージする消費者も多いことから（香月ほか二〇〇九）、価格設定の難しさは増します。

　瀬戸内漁協が赤字を記録し続ける直売店やレストランを継続できるのは、養殖企業から安定した収入が見込めるからです。養殖企業

瀬戸内漁協の直売所

の存在によって漁協経営にある程度の余裕があることから、多少の赤字は発生するものの、一般の漁船漁業者に経済的恩恵を提供できる直売店やレストランなどを維持できるのです。

4　養殖事業の拡大と自然・社会環境の変化

養殖企業による事業展開に懸念事項が全くないわけではありません。

ひとつは、海洋環境です。潜水漁業と観光事業を営む漁業者のなかには、養殖事業や養殖漁場の拡張に反対するものもいます。現在のところ、瀬戸内漁協では養殖による深刻な海洋環境の悪化は報告されていませんが、海外ではマグロ養殖による環境問題が実際に発生しています（鳥居二〇二〇）。養殖企業には残餌の管理、水質・底質のモニタリング、解体時に発生する血水や内蔵等の適切な処理など適切な事業活動が求められます。

もうひとつは、漁協コミュニティの変化です。漁協の正組合員に占める養殖企業側の正組合員の割合は年々上昇し、近年では五〇％近くに達しています。一般の漁船漁業者は高齢化がすすんでおり、その数は減少が見込まれています。そのため、「いずれ総会での議決権を企業側がもつのではないか」、「養殖企業の望む漁場利用体系へ改変されるのではないか」といった懸念を抱くものもみられるようになりました。もちろん、養殖企業側がこうした狙いをもっているわけではありません。しかし、地域外から他者を招き入れれば、従来までのコミュニティにも変化が及ぶ可能性があります。

5　企業受け入れの効果と課題

企業誘致の結果、漁協には漁場利用料や生産関連資材の購入などの経済的効果がもたらされています。とくに、漁場利用料や購買事業の利用金額の四〇％から五〇％が養殖企業によるものです。こうした企業による経済的効果を差し引くと、漁協の事業は損失を記録してしまいます。漁協経営は企業なしには成立しません。また、養殖企業にはたくさんの地元住民が雇用されており、雇用機会が限られる島において雇用を生み出す企業の存在は貴重です。

その一方で、漁協の組合員の構成割合が徐々に変化しています。組合員の構成割合は漁協内の意思決定に少なからず影響を与えることから、構成割合の変化は漁協運営に変革をもたらす可能性もあります。

養殖企業の誘致による影響は、経済的視点からの評価だけでは不十分です。組合員構成の変化による漁協組織の変化は個人漁業者の経営にも影響することから、こうした点についても引き続き注視する必要があるでしょう。

Ⅷ　十島村漁協宝島・小宝島：漁業生産が活発ではない島々

鹿児島県十島村の宝島や小宝島でも漁業が行われていますが、鹿児島県本土へのフェリーが週二便であり、流通条件が極めて厳しい状況下にあります。

1　宝島の漁業

宝島は面積七・一四平方キロメートルの隆起サンゴ礁の島です。フェリーは宝島北部の前籠漁港へ入港します。サンゴ礁を掘ってつくられた漁港であり、漁港の西側がフェリー岸壁、東側は船だまりになっています。宝島には二〇二二年七月現在、人口一二〇名、六八世帯が存在し、そのうち一五％ほどがIターン者です。

宝島ではかねてより農業中心の産業構造です。宝島と鹿児島港を結ぶフェリーは週二便であり、一三時間ほどの時間を要します。宝島周辺にはトビウオ資源が存在しましたが、生鮮出荷はフェリー便によって規定されるうえ、島内に整った加工施設がなく、加工によって保存性を高めることも叶いませんでした。出荷条件に大きな不利を抱えることから、周辺に存在する水産資源の有効活用がなかなかすすまなかったのです。このため、宝島では漁業はあまり盛んではありません。宝島には十島村漁協に所属する漁業者が二五名ほど存在します。刺網、曳き縄釣り、ロープ曳きなどの漁法によってトビウオ、アオダイ、カマスサワラ、チビキ、イセエビ、ヤコウガイなどが漁獲されていますが、定期的に島外出荷するほどの漁獲量をあげる漁業者は二名ほどです。そのほかは、農業に従事する合間に漁業を兼業しています。

それでは、宝島において操業日数が多いA氏を事例に、漁業の現状と課題をみていきましょう。

A氏は四〇歳代、島外出身です。二〇〇九年、十島村が移住者を募集していることを知り応募しました。当時の募集内容は、島おこしのプランを立てて応募し、それを十島村が審査するというものでした。A

島魚を利用した加工品

氏は、一次産業に従事し、生産物を加工して販売する、ボランティアを受け入れる、ゲストハウスを経営するといったプランを立て、そのプランが認められました。

移住後、農業に従事しました。雑木林になっていた農地を八反ほど借り、自身で開拓しました。そのうち四反に、病害虫や台風の影響を受けづらい「しまらっきょ」を作付けしています。育成方法は、島内の高齢者より学びました。通常、一〇月に苗を植え、二月から五月にかけて生食用、五月以降は漬け物などの加工用として島外へ出荷しています。

三年目から、島内の漁業者とともにトビウオやカマスサワラを対象にした漁業を開始しました。五月から六月下旬にかけてトビウオ、三月から一一月にかけてカマスサワラを漁獲しています。A氏は漁獲したトビウオを、島内の加工施設で処理して急速冷凍します。その後、唐揚げや刺身などへ加工処理します。加工場の稼働率を確保するために、周辺の島々からカマスサワラ、シマガツオ、カツオ、メダイを購入し、唐揚げ、冷燻炙り刺身、刺身、生ハムなどの商品も製造しています。製造した商品を、インターネットのほか、NPO法人とからインターフェイス（鹿児島市）を経由して販売しています。東京方面の飲食店や消費者との取り引きが中心を占めます。

宝島での加工事業にはいくつか課題があります。ひとつは原料調達の不安定性です。宝島において漁業を営むのはごく少数であり、島内において加工原料を安定的に確保できません。もうひとつは、加工品の販路です。冷燻製など特徴ある製品の生産に成功したものの、売れ行きのいい商品にはなっていません。東京方面へも出荷していますが、送料が嵩むため割高という印象を与えているようです。

漁業だけで生計を営むのは容易ではなく、A氏はフェリーの荷役作業、三尺バナナの育成なども営んでいます。総所得に占める漁業の割合は二〇%ほどです。

2 小宝島の概要

小宝島は面積〇・九八平方キロメートルの島であり、トカラ列島の有人離島のうち最も小さな島です。小宝島には二〇二二年七月現在、人口五四名、三一世帯が存在します。一九七〇年代から八〇年代にかけて人口が三〇名を下回り、無人島化が懸念されました。その後、十島村役場が移住者の受け入れや山海留学制度を導入し、人口は増加傾向を示すようになりました。

小宝島には、十島村漁協に所属する漁業者が一〇名ほど存在します。彼らは漁船漁業のほか、イセエビ、ヤコウガイなどを漁獲しています。ただし、漁業への従事日数が年間九〇日を超えるのは一名のみです。ほかは自家消費、島内の知り合いへの供給、季節的な操業が中心です。漁業が発展しない要因として、流通条件不利のほか、整った漁港がなかったこともあげられます。小さな入り江が船だまりとして利用されており、上架施設を使って漁船を斜路上に引き上げる必要がありました。そのため規模の大きな漁船を用いることはできませんでした。一九八〇年代終盤、ようやく城之前漁港の護岸工事が終わり、悪天候から漁船を守ることができるようになりました。それでも台風時は、漁船を引き上げる必要があることから、漁船の規模は護岸工事後に設置された上架施設に規定されます。

それでは、小宝島において操業日数が最も多いB氏を事例に、漁業の現状と課題をみていきましょう。B氏は五〇歳代、小宝島出身です。小学生の頃から父親とともにカマスサワラの曳き縄釣りなどを行ってきました。当時、冷凍庫はなく、冷蔵庫の容量も小さかったことから、漁獲したカマスサワラを塩漬けにして天日干しした後に保存していました。そのカマスサワラをとなりの宝島へ持ち込み、米などと物々交換していました。B氏は、進学と就職のために島外で七年ほど暮らしましたが、二二歳の時に帰島しました。

一九八〇年代前半に帰島したB氏は、ヤコウガイを対象とした潜水漁業、イセエビを対象とした刺網、カマスサワラを対象とした突きん棒、カマス、オキサワラ、キハダ、イソマグロ、ロウニンアジなどを対象にした曳き縄釣りを営むようになりました。ヤコウガイの貝殻は高値で販売できたうえ、鹿児島県漁連へ出荷するイセエビも高値で取り引きされました。ただし、フェリーが欠航すると、それらを活かしておくことに苦労しました。とくにイセエビは二日程度で身が痩せてしまい、商品価値が大きく低下しました。出荷の安定性に苦労したものの、ヤコウガイとイセエビは高値で販売できたことから、生計を営むに十分な漁業収入を得られました。

一九八〇年代中盤から後半にかけて、小宝島において漁業を営むものは、B氏のほかに数名おり、漁船も五隻から六隻ほど存在しました。小宝島は耕作面積が限られており、漁業で生計を立てるものが多くみられました。ただ、整った漁港がなかったことから、小さな入り江を船着き場として利用せざるを得なかったことに加え、悪天候時は上架施設を使って漁船を斜路上に引き上げることが必要であったことから、漁船は総じて小型でした。こうした島民による小規模漁業が行われる一方で、周辺海域では、沖縄県糸満市方面から大型漁船が訪れ、タカサゴの追い込み漁が行われていました。

その後、B氏は潜水漁業を中心にしながらも、四月から一〇月までカマスサワラの曳き縄釣りを営むようになりました。漁獲後、宝島へ船を着け、宝島の島民へカマスサワラを販売しました。大漁時は鹿児島県漁連へも出荷しました。こうした漁業操業のスタイルがしばらく続きました。

しかし、一九九〇年代のいわゆるバブル経済崩壊によって、ヤコウガイの価格が下落するようになり、B氏は操業体制の変更を迫られるようになりました。二〇〇二年ごろから、深海一本釣りへ切り替え、チビキ、アオダイ、ハマダイなどを漁獲しています。エサはマルソウダやイワシなどであり、鹿児島県本土から購入する必要があります。

漁場は漁港から一五分から三時間の範囲に分散しています。通常、早朝二時ごろに出港し、日の出過ぎまで操業した後に帰港します。帰港後、サイズや種類ごとに選別します。そして相場をみながら鹿児島市の九州中央魚市や奄美大島へ出荷します。宝島から鹿児島港や奄美大島へのフェリーは週二便であるうえ、輸送に時間がかかることから、漁獲後の処理に留意しています。魚の締め方や氷の使い方に気をつけ、鮮度を維持できるようにしています。

年間操業日数は、一三〇日前後に留まります。城之前漁港は、北西、北、北東の風が吹くと入港が困難になり、出港を諦めざるを得ない場合もあります。また、帰港時に港口が荒れ、沖停泊を余儀なくされる場合もあります。その一方で、周辺海域では熊本県や奄美大島からの大型漁船(一九トンクラス)が周年操業しており、B氏は整った漁港さえあれば、より多くの出漁が可能であると判断しています。

3　宝島・小宝島における漁業存続の意義

他県や奄美大島から漁船が訪れることからも分かるように、周辺海域に恵まれた水産資源は存在します。しかし、宝島、小宝島には島外出荷を行うほどの生産力を有する漁業者はごく少数です。流通条件の悪さ、生産関連施設の不十分さが漁業発展を阻害しており、漁業生産は小規模に留まっています。

ただし、宝島、小宝島で暮らす人々にとって漁業は重要な存在です。A氏は、漁業からの漁獲金額は収入全体の二〇%ほどに過ぎませんが、漁業と農業を兼業することで通年、何らかの収入を得ることができています。B氏は、漁業からの収入をメインに生計を維持しており、小宝島で唯一の漁業者です。このほかにも、農業や畜産業を中心にしながら、自家消費、島内の知り合いへの供給、季節的な操業などを行う島民が複数みられ、宝島や小宝島で生活するうえで

小宝島の漁港

漁業は一定の機能を有しています。つまり、国民への食料供給機能といった対外的役割は低いものの、両島での生活維持といった対内的役割は一定程度、果たしているものと評価できるのです。

そして、近年、注目されるようになった漁業者による国境監視機能については、両島に漁業者が存在し、周辺海域で操業が継続されていることによって、その機能が果たされていると評価できるのではないでしょうか。ただし、両島において漁業者（正組合員）は一〇名ほど存在するものの、操業日数の多い漁業者はごく限定的です。その漁業者（B氏）もまもなく六〇歳代になりますが、小宝島においてB氏に続く漁業者はみられません。両島における国境監視機能は、これから急速に弱体化する可能性があります。

4　両島の漁業存続にむけて

両島の漁業をどのように維持すればよいのでしょうか。

ひとつは、両島において漁業者を確保するという視点です。鹿児島県は、トカラ列島においては新規漁業就業者の確保・育成が課題であり、鹿児島県漁連と連携した長期漁業研修等を実施しています。ただし、両島で本格的に操業する漁業者は二名に過ぎず、高い漁業技術を備えた者は限られます。彼らが現役のあいだに漁業や海に関する技術や知識が継承されるよう、新規就業者確保の取り組みを加速させることが必要です。それと同時に、流通条件や生産関連施設の整備が求められます。新規漁業者を確保しても、その経営が成り立たなければ、彼らの定着は期待できないからです。流通条件については、急速冷凍施設の導入によってやや緩和されました。ただ、冷凍施設を用いて特徴ある製品を製造できましたが、製品を商品として販売する際、コールドチェーンや輸送コストなどの課題に直面します。また、上架施設や防波堤など生産関連施設が不十分であるとの意見もみられます。一律の整備は困難であることから、拠点港の選択的整備、上架施設の充実などの検討も必要でしょう。

もうひとつは、両島周辺での漁業操業を維持するという視点です。両島周辺では、島外からの漁業者が操業しており、こうした操業が継続される限り、国境監視などの多面的機能の発揮が期待できます。この形態の漁業は、経営収支があう限り継続されると考えられることから、特定有人国境離島である両島周辺での操業を対象に、漁船漁業において最も経費のかかる燃油代を補助することによって、島外漁業者による操業の持続性と国境監視機能の維持を実現できる可能性もあります。

Ⅸ　離島漁業の経営振興にむけて

奄美群島を中心に、離島漁業経営の浮揚にむけた取り組みをみてきました。漁獲量や資源量の減少、価格の低迷、本土までの流通コストの高止まりなどによって離島漁業の経営は厳しい状況下にありました。しかし、漁業者や漁協は、決して「座して死を待つ」のではなく、経営改善に向けた様々な工夫を凝らしていることが明らかになりました。これからも離島漁業を維持するためにはどのようなことが求められるでしょうか。

第一は、漁協の組織強化です。漁獲物の販売役を担ってきた漁協組織の弱体化は著しく、漁業者自身で漁獲物を販売せざるを得ない地域もあります。漁村地域の人づくりというと、若手漁業者の育成に焦点が置かれがちです。しかし、笠利地区の事例でも明らかなように、経営改善の取り組みは漁業者と漁協職員が両輪になって取り組むことが重要です。漁協職員の能力向上やモチベーションの維持、着業後の学習機会の提供、待遇の改善や成功報酬の導入など、漁協職員の努力と成果が報われるような組織であることが求められるでしょう。

第二は、新技術の導入と政策的支援の活用です。離島漁業の課題のひとつは、本土市場まで輸送時間がかかり、出荷魚の鮮度を維持することが難しい点です。ただ近年、新しい冷凍技術や冷蔵技術が生まれ、鮮度を大きく損なうことなく市場へ出荷できるようになりました。こうした技術は日進月歩で発展しており、最先端技術の導入によって条件不利性を大きく緩和できる可能性があります。ただし、新技術の導入には少なからず費用が必要になります。その際に大きな助けになるのが政策的支援です。離島振興法の成立に尽力を注いだ故・宮本常一氏の「法ができたから地域がよくなるのではない。地域がよくなろうとする時、法が生きるのである。」の言葉にもあるように、目的意識をもって政策的支援を上手く活用したいものです。

第三は、異業種連携の推進です。漁協に漁獲物を販売する余力がない場合、販売力ある民間業者との連携も有効に機能することがあります。獲る専門家（漁業者）と売る専門家（民間業者）の連携、その調整役としての漁協に期待したいものです。もちろん、連携相手については十分に吟味する必要があります。自らの利益のみを考える相手といくら連携しても、漁業経営の改善には結びつきません。地域が抱える条件不利や弱点を緩和できる技術や販売力をもつ民間企業との連携を模索したいものです。

第四は、島内市場の掘り起こしです。人口が少ない離島は市場規模が小さいことから、島外市場の開拓に力が注がれてきました。一方で足下を見ますと、小さな島内市場においても海外産のサーモン、サバ、カペリンなどが圧倒しています。奄美群島の一部は二〇二一年七月に世界自然遺産に登録されました。コロナ禍が落ち着けば国内外から数多くの観光客が訪れるでしょう。果たして観光客はどこに行っても食べられる水産物を奄美群島で食べて満足するでしょうか。観光客には奄美群島の特徴ある水産物を食べ、奄美群島のファンになってもらいましょう。彼らが繰り返し訪島することで奄美群島の経済はもちろん、漁業者も経済的恩恵を享受することが可能になります。

第五は、離島地域での事業展開を望む企業の誘致です。離島周辺の特徴ある水産資源や海洋環境を活用した事業展開を望む企業はまだまだ存在する可能性があります。やや他力本願な方法ですが、島内にはない資本力や技術力によって経済効果や雇用機会の創出が生まれます。

さて、これら取り組みが功を奏せねば、奄美群島から漁業者が大きく減少する可能性がありま す。そうした場合、宝島や小宝島のように、周囲に水産資源が存在してもそれを有効利用できなくなる恐れがあります。漁業による食料供給機能はもちろん、国境監視機能などの多面的機能も弱体化するでしょう。地元漁業の弱体化を補うには、前章で提案したように、島外の操業希望者に島周辺の漁場を広く使ってもらうような政策が求められます。こういった事態が発生しないよう、漁業関係者はもちろん、関係する行政や研究機関は離島漁業経営を持続的なものにできるよう、政策や知見を集中投下することが大切です。

X　おわりに

「刊行の辞」にもありますように、本書は高校生や大学生などへの「知の還元」を目的にしています。本書を通じて離島やそこで行われている漁業に関心を抱く若者がひとりでも増えれば嬉しく思います。日本は資源が少ない国と言われていますが、日本の発展を支えてきたのは豊かな人的資源であり教育です。

次世代を担う若い皆さん、それぞれの関心に応じて、どうか大いに学んでください。皆さんが生み出す新しい技術や知識が、我が国の広大な海を「可能性の海」へ変えることができるのです。

【付記】
本研究はＪＳＰＳ科研費ＪＰ二二Ｋ一二五七一の助成を受けたものです。

XI　参考文献

乾政秀（二〇一九年）「鹿児島県宝島」『しま』No・二五七、七八～八一頁
上田嘉通（二〇一九年）「島嶼地域の観光振興に向けた実践報告」『島嶼研究』第二〇巻二号、一～一三頁
大谷誠（二〇一二年）「山口県離島における若年者の流入・定着条件」『地域漁業研究』第五三巻第三号、四七～六六頁
鹿児島県（二〇一七年）『鹿児島県特定有人国境離島地域の地域社会の維持に関する計画』(https://www.pref.kagoshima.jp/ac07/documents/61852_20180816155653-1.pdf) 一～一一二頁
加瀬和俊（二〇〇四年）「漁協の事業・組織の再編成をめぐる諸論点」第四九巻2号、一～八頁
香月敏孝、小林茂典、佐藤孝一、大橋めぐみ（二〇〇九年）「農産直売所の経済分析」『農林水産政策研究』第一六号、二一～六三頁
工藤貴史（二〇一二年）「離島漁業の条件不利性と水産政策の課題」『地域漁業研究』第五三巻第

三号、七～二八頁
島秀典・濱田英嗣（二〇〇四年）「漁村地域活性化の現代的諸論点と課題」『地域漁業研究』第四四巻二号、一～九頁
十島村漁協『業務報告書』（各年版）
鳥居享司（二〇一二年）「離島漁業の存立基盤の現状と課題」『地域漁業研究』第五三巻第三号、一～六頁
鳥居享司（二〇一二年）「離島漁業への公的支援と漁業構造の変化」『地域漁業研究』第五三巻第三号、二九～四六頁
鳥居享司（二〇一八年）「離島漁業の振興にむけた水産物流通改善の取り組み」『島嶼コミュニティ研究』第五号、一～一九頁
鳥居享司（二〇二〇年）「マルタ共和国におけるクロマグロ養殖の現状と課題」『島嶼研究』第二一巻二号、一四九～一六五頁
鳥居享司（二〇二二年）「離島漁業経営の改善に果たす漁協の役割」『島嶼コミュニティ研究学会』第九巻、一～一五頁
内閣府（二〇一七年）「有人国境離島地域の保全及び特定有人国境離島地域に係る地域社会の維

持に関する特別措置法（概要）」

(http://www.kantei.go.jp/jp/singi/kaiyou/dai16/shiryou2_1.pdf)。

日本離島センター（二〇一〇年）「国土計画と離島振興法改正の経緯」

馬場治（二〇〇四年）「漁協経営の内実と組織再編」『漁業経済研究』第四九巻二号、九〜三五頁
山尾政博・島秀典（二〇〇九年）『日本の漁村・水産業の多面的機能』（北斗書房）

野田伸一　著
No. 1　**鹿児島の離島のおじゃま虫**
ISBN978-4-89290-030-3　56 頁　定価 700+ 税　(2015.03)

長嶋俊介　著
No. 2　**九州広域列島論**～ネシアの主人公とタイムカプセルの輝き～
ISBN978-4-89290-031-0　88 頁　定価 900+ 税　(2015.03)

小林哲夫　著
No. 3　**鹿児島の離島の火山**
ISBN978-4-89290-035-8　66 頁　定価 700+ 税　(2016.03)

鈴木英治ほか　編
No. 4　**生物多様性と保全**―奄美群島を例に―（上）
ISBN978-4-89290-037-2　74 頁　定価 800+ 税　(2016.03)

鈴木英治ほか　編
No. 5　**生物多様性と保全**―奄美群島を例に―（下）
ISBN978-4-89290-038-9　76 頁　定価 800+ 税　(2016.03)

佐藤宏之　著
No. 6　**自然災害と共に生きる**―近世種子島の気候変動と地域社会
ISBN978-4-89290-042-6　92 頁　定価 900+ 税　(2017.03)

森脇　広　著
No. 7　**鹿児島の地形を読む**―島々の海岸段丘
ISBN978-4-89290-043-3　70 頁　定価 800+ 税　(2017.03)

渡辺芳郎　著
No. 8　**近世トカラの物資流通**―陶磁器考古学からのアプローチ―
ISBN978-4-89290-045-7　82 頁　定価 800+ 税　(2018.03)

冨永茂人　著
No. 9　**鹿児島の果樹園芸**―南北六〇〇キロメートルの多様な気象条件下で―
ISBN978-4-89290-046-4　74 頁　定価 700+ 税　(2018.03)

山本宗立　著
No. 10　**唐辛子に旅して**
ISBN978-4-89290-048-8　48 頁　定価 700+ 税　(2019.03)

冨山清升　著
No. 11　**国外外来種の動物としてのアフリカマイマイ**
ISBN978-4-89290-049-5　94 頁　定価 900+ 税　(2019.03)

鈴木廣志　著
No. 12　**エビ・ヤドカリ・カニから鹿児島を見る**
ISBN978-4-89290-051-8　90 頁　定価 900+ 税　(2020.03)

梁川英俊　著
No. 13　**奄美島唄入門**
ISBN978-4-89290-052-5　88 頁　定価 900+ 税　(2020.03)

桑原季雄　著
No. 14　**奄美の文化人類学**
ISBN978-4-89290-056-3　80 頁　定価 800+ 税　(2021.03)

山本宗立・高宮広土　編
No. 15　**魅惑の島々、奄美群島**—歴史・文化編—
ISBN978-4-89290-057-0　60 頁　定価 700+ 税　(2021.03)

山本宗立・高宮広土　編
No. 16　**魅惑の島々、奄美群島**—農業・水産業編—
ISBN978-4-89290-058-7　68 頁　定価 700+ 税　(2021.03)

山本宗立・高宮広土　編
No. 17　**魅惑の島々、奄美群島**—社会経済・教育編—
ISBN978-4-89290-061-7　76 頁　定価 800+ 税　(2021.10)

山本宗立・高宮広土　編
No. 18　**魅惑の島々、奄美群島**—自然編—
ISBN978-4-89290-062-4　98 頁　定価 900+ 税　(2021.10)

津田勝男　著
No. 19　**島ミカンを救え**—喜界島ゴマダラカミキリ撲滅大作戦—
ISBN978-4-89290-064-8　52 頁　定価 700+ 税　(2022.03)

佐藤正典　著
No. 20　**琉球列島の河川に生息するゴカイ類**
ISBN978-4-89290-065-5　86 頁　定価 900+ 税　(2022.03)

〔著者〕

鳥居享司（とりいたかし）

［略　　歴］

1973 年愛知県生まれ。広島大学大学院生物圏科学研究科修了、博士（学術）。2007 年より鹿児島大学水産学部准教授。専門は水産経済学。漁協・漁業の経営分析を手がける。

［主要著書］

主要著書〕
『再編下の食料市場問題』筑波書房、2000 年（共著）
『養殖マグロビジネスの経済分析』成山堂書店、2008 年（共著）
『日本の漁村・水産業の多面的機能』北斗書房、2009 年（共著）
『カツオ学入門』筑波書房、2011 年（共著）
『東南アジア、水産物貿易のダイナミズムと新しい潮流』北斗書房、2014 年（共著）
『日本ネシア論』藤原書房、2019 年（共著）　など。

鹿児島大学島嶼研ブックレット　No.22

奄美群島の水産業の現状と未来

2023 年 03 月 20 日 第 1 版第 1 刷発行
　　　07 月 06 日　〃　第 2 刷発行

発行者　鹿児島大学国際島嶼教育研究センター
発行所　北斗書房
〒132-0024　東京都江戸川区一之江 8 の 3 の 2（MM ビル）
電話 03-3674-5241　FAX03-3674-5244
URL　http//www.gyokyo.co.jp

定価は表紙に表示してあります

ISBN978-4-89290-067-9 C0039